高等学校安全科学与工程系列教材

安全工程专业导论

朱建芳　编

化学工业出版社

·北京·

内容简介

本书是作者在长期的教学实践与现场工作经历基础上，以全新的视角撰写的一本导论性质的教材，从安全工程专业是什么、安全工程专业干什么、安全工程专业学什么和安全工程专业毕业生的出口有哪些四个方面对安全工程专业进行介绍。内容共分四章，第一章安全工程是什么，主要介绍了安全科学与工程学科、安全工程专业概况及知识结构；第二章安全工程干什么，主要介绍了安全工程专业毕业生的6类日常工作内容；第三章安全工程学什么，主要介绍了安全工程专业的培养目标、毕业要求以及课程体系；第四章安全工程专业毕业生的出口，主要介绍了安全工程专业本科生毕业后有哪些选择，以及如何选择。

本书可作为高等院校安全工程专业导论课程的教材，也可作为想了解安全工程专业的读者的参考书。

图书在版编目（CIP）数据

安全工程专业导论 / 朱建芳编. -- 北京：化学工业出版社，2024. 10. --（高等学校安全科学与工程系列教材）. -- ISBN 978-7-122-46190-2

Ⅰ. X93

中国国家版本馆 CIP 数据核字第 2024PW9298 号

责任编辑：高　震　杜进祥　　装帧设计：韩　飞
责任校对：李雨函

出版发行：化学工业出版社
（北京市东城区青年湖南街13号　邮政编码100011）
印　　刷：北京云浩印刷有限责任公司
装　　订：三河市振勇印装有限公司
710mm×1000mm　1/16　印张11　字数165千字
2025年1月北京第1版第1次印刷

购书咨询：010-64518888　　售后服务：010-64518899
网　　址：http://www.cip.com.cn
凡购买本书，如有缺损质量问题，本社销售中心负责调换。

定　　价：38.00元　

前言

党的二十大报告对我国的安全生产做了专门论述，“坚持安全第一、预防为主，建立大安全大应急框架，完善公共安全体系，推动公共安全治理模式向事前预防转型。推进安全生产风险专项整治，加强重点行业、重点领域安全监管”，这一方面说明我国面临的安全生产形势复杂，另一方面也体现国家对安全生产的重视。安全工程专业承担着为国家安全生产培养科技人才的使命，是国家安全体系的重要组成部分。加强安全工程专业建设，大力培养安全科技人才是安全教育工作者义不容辞的责任。

安全工程专业是一个新兴专业。众多学生和家长对该专业不太了解，这也导致学生入学后会存在一些迷茫和困惑。为解决这些迷茫与困惑，本书从安全工程专业是什么、安全工程专业干什么、安全工程专业学什么和安全工程专业毕业生的出口四个方面对安全工程专业进行介绍。相应地，教材分四章，第一章安全工程是什么，主要介绍了安全科学与工程学科、安全工程专业概况以及安全工程的知识结构等内容；第二章安全工程干什么，主要介绍了安全工程专业毕业生的6类工作内容，这些内容是在对全国主要行业领域安全工程技术人员和管理人员调研的基础上整理提炼出来的；第三章安全工程学什么，主要介绍了安全科学与工程类教学质量国家标准对安全工程培养目标、毕业要求、课程体系的要求，以及相应的具体内容；

第四章安全工程专业毕业生的出口，主要介绍安全工程专业本科生毕业后有哪些选择，以及如何进行。

本书由华北科技学院朱建芳编写，编写期间得到有关领导和同事的帮助，本书的出版得到国家级一流专业建设点（华北科技学院安全工程专业）的资助，在此一并表示感谢！

出于需要，书中提及了一些高等院校或科研机构等单位的名称，这些单位没有先后次序之分。由于本人水平有限，书中难免有疏漏之处，恳请读者批评指正！

华北科技学院　朱建芳

2024 年 10 月

目 录

第一章

安全工程是什么

什么是安全工程？安全工程是干什么的？作为一名安全工程专业的学生，你可能存在这样的疑问，也可能会被人问到相同的问题，本章就和同学们聊聊安全科学与工程学科、安全工程专业及本专业知识结构等。

第一节　安全科学与工程学科

一、专业与学科

大学生们都是经过高考进入大学学习的，高考时一个重要的环节是填报志愿。填报志愿时会考虑报哪所学校，报什么专业。提到专业还有一个概念和专业密切相关，那就是学科。那么，什么是专业，什么是学科，它们之间有什么关系呢？

1. 学科

学科是一种学术的分类，指一定科学领域或一门科学的分支，是相对独立的知识体系。为便于学科专业管理，国务院学位委员会和教育部印发了《研究生教育学科专业目录》（以下简称学科目录）。根据 2022 版的学科目录，学科分学科门类、一级学科。目前共设 14 个学科门类（哲学、经济学、法学、教育学、文学、历史学、理学、工学、农学、医学、管理学、军事学、艺术学、交叉学科）、117 个一级学科。此外，为加强专业人才培养，学科目录中还专门设置了 64 个专业学位类别，其中 31 个仅可授予硕士专业学位，其他可授予硕士、博士专业学位。

安全科学与工程学科（以下简称“安全学科”）属于工学门类下的一级学科。另外，在专业学位类别中，安全工程属于资源与环境下的专业学位。

2. 专业

专业源自学科，是学科为承担人才培养职能而设置的，它考虑了社会职业分工、学科分类、科学技术和文化发展状况及经济建设与社会发展的需要。安全工程专业承担了安全学科的人才培养职能，它的知识体系即为安全学科的知识体系。

我国的研究生教育和本科生教育是两套目录体系，本科生的目录体系是教育部发布的《普通高等学校本科专业目录》。2024 版的目录中共有哲学、经济学、法学、教育学、文学、历史学、理学、工学、农学、医学、管理学、艺术学 12 个门类，94 个专业类，以及 816 个本科专业。在工学门类下设有安全科学与工程类，安全工程就是该专业类的下设专业，代码为 082901。除安全工程外，该专业类下还设有应急技术与管理（代码为 082902T）、职业卫生工程（代码为 082903T）、安全生产监管（代码为 082904T）三个专业。

二、学科内涵与相关学科

1. 研究对象

安全学科属于综合科学学科，其研究对象可以从安全科学与安全工程的内涵等体现。安全科学是研究减少或减弱危险有害因素对人身安全健康等的危害，设备设施等的破坏，环境社会等的影响而建立起来的知识体系，为揭示安全问题的客观规律提供安全学科理论、应用理论和专业理论。安全工程是研究在具体领域中运用种种技术、工程、管理等保障安全的方法、手段和措施，从而为人们在生产和生活中有效防范和应对安全问题提供直接和间接的保障。安全科学与工程的应用领域涉及建筑、能源、材料、环境、化工、轻工、土木、矿业、交通、运输、航空航天、机电、食品、生物、农业、林业、城市、旅游、检验检疫、消防、社会文化、公共卫生、行政管理等，乃至人类生活的各个领域，并且与上述学科有所交叉。

2. 理论体系

作为一门交叉学科，安全学科的理论体系尚处于不断完善的过程之中。总体来说，安全学科的理论体系包括安全社会科学、安全自然科学、安全系统科学、安全工程技术科学、安全健康学以及人文社会科学等领域。根据安全学科多个领域的现有研究进展，结合我国安全问题的阶段性与复杂性，安全学科的主要理论包括：安全社会学、安全法学、安全科学原理、安全科学方法学、安全系统学、灾害学、安全人机学、安全管理学、职业安全健康学、安全工程技术科学基础等。

3. 知识基础

安全科学与工程学科在发展过程中不断地完善，形成了支撑学科体系的知识基础。本学科在安全系统科学的基础上，形成了安全科学与系统工程、安全技术、智能安全、应急与安全管理、职业安全健康等知识基础。除了学科的知识基础之外，安全科学与工程学科总体知识基础还包括：自然科学基础知识（数学、化学、物理、生物学、生态学、医学等）、工程科学基础知识（力学、电学、工程图学、系统工程学、相关工程技术科学基础等）、通识类基础知识（计算机科学、外语等）和社会科学基础知识（经济学、社会学、法学与管理学等）。

4. 研究方法

安全学科在构建自身理论体系和在认识与解决实际问题的过程中，其研究方法不断发展和完善。

（1）安全学科的主要研究方法是通过大量观察、系统试验及规律总结，在经验体系基础上进行演绎和归纳，并总结出规律和原理。

（2）安全技术的主要研究方法是通过危险源的辨识和评价，以及对灾害、事故、职业危害等的预测、预防、预警，并与应急等关键技术集成，达到预防和控制风险与减少事故损失的目的。

（3）安全系统工程的主要研究方法是综合运筹学、概率与数理统计、决策论、控制论、信息论、可靠性工程等，通过系统流程分析、建模仿真、数据挖掘、系统评价等，保障系统的安全。

（4）安全管理与应急的主要方法是运用管理科学方法和工程技术，提高系统安全与应急管理效能，通过人为干预和影响，利用计划、组织、指挥、协调、控制等管理技能，达到预防和控制事故与减少损失的目的。

（5）职业安全健康的主要研究方法是通过大量观察、统计、实验、实习等，综合医学、公共卫生学、作业环境管理学、人机工程学、职业卫生管理学等，形成相应的科学理论，达到预防和控制职业病的目的。

5. 相关学科

安全科学与工程的相关学科主要有系统科学、环境科学与工程、公共卫生与预防医学、管理科学与工程、公安技术、矿业工程等。

三、学科范围

安全科学与工程学科重点针对自然灾害、事故灾难、公共卫生、社会安全等领域，一级学科刚获批时设有安全科学、安全技术、安全系统工程、安全与应急管理、职业安全健康 5 个二级学科方向。随着科学技术的进步，2022 年将安全科学与安全系统工程学科方向进行整合，并增加了智能安全学科方向，这样新的学科方向为：安全科学与系统工程、安全技术、智能安全、应急与安全管理、职业安全健康。

1. 安全科学与系统工程

安全科学与系统工程研究人们在生产和生活中如何使生命和健康得到保障，相关设备、财产以及事物免受伤害，分析人、设备、管理等系统要素的相关性和环境适应性，揭示安全的科学规律并建立相应的基础理论。主要研究方向包括：安全科学原理，公共安全理论与方法，安全管理学，风险评估理论与管理方法，灾害演化动力学，安全行为科学，安全心理学，安全系统优化理论与方法，安全人机工程，系统可靠性评估，人因工效评估等。

2. 安全技术

安全技术是为在生产和生活中人们生命和健康得到保障，设备不受到损害，提供直接和间接的保障。主要研究方向有：安全防护技术和设备，安全人机工程学，灾害探测与控制工程，安全评价技术，安全信息技术，安全监测技术，检验检疫，火灾与爆炸，矿山安全技术，交通安全技术，化工安全技术，建筑安全工程，城市公共安全工程，职业卫生与防护工程，个体防护。

3. 智能安全

智能安全是安全理论、技术与工业互联网、大数据、云计算、区块链、人工智能、数字孪生等新一代信息技术在安全生产和灾害事故防治等公共安全领域的深度融合。利用智能科学、智能技术与智能管理等防范、化解重大安全风险和治理重大灾害事故，实现事故隐患的精准感知、超前预警和灾害事故的智能防治、高效救援。主要研究方向包括：工业互联网 + 安全，安全智能监测，风险智能评估与预警，安全大数据，智慧安全监察，安全智能巡检，灾害智能控制与处置，智慧应急救援等。

4. 应急与安全管理

应急与安全管理为灾害事故的预防与应急准备、监测预警、救援处置和恢复重建等提供理论支撑，利用计划、组织、指挥、协调、控制等管理理念和方法，在法律制度、组织管理、技术发展和教育培训等方面采取综合措施，达到预防、避免和减少人员伤亡、财产损失和社会影响的目的。主要研究方向包括：安全管理理论与方法，安全风险评估，安全与应急心理行为，应急决策与指挥，应急处置与救援，安全规划与韧性建设，安全与应急法律法规，安全与应急标准认证，安全与应急监察审计等。

5. 职业安全健康

职业安全健康旨在认识职业安全健康机制和规律，研究环境毒理与职业危害及其管理等理论和方法，为职业危害因素的辨识、科学评价、危害防控技术研究提供理论基础和工程技术及管理的支持。职业安全健康的研究方向包括：安全健康法律法规，安全健康毒理学，职业病统计学，职业卫生管理学，职业伤害和职业疾病的孕育、发展机理，职业健康危害的预防、控制、综合决策，安全卫生工程技术，个体防护等。

四、学科的发展特点和趋势

在我国老一辈安全人的不懈努力下，安全学科经过多年发展，于 2011 年被批准为一级学科。从研究对象、应用领域以及诞生发展过程可以看出，安全学科具有如下的特点和发展趋势：

（1）“复杂性”成为安全学科未来发展所面临的挑战。安全学科是从矿业工程的二级学科（安全技术及工程）发展成为一级学科的。因此，按照学科发展脉络，以矿山安全为起点，发展为以冶金、石油、化工、材料等工业生产为导向的生产安全，包括以矿山安全在内的工业生产职业危害因素（如粉尘、高温、噪声等）防治为导向的职业危害防控，并结合矿山地下工程学科优势拓展到城市地下空间和隧道（如海底隧道、川藏铁路等）、地铁、城市燃气管道、城市水源等重大基础设施安全。此外，风险评估、监测预警和应急救援是安全学科共性的内涵和研究基础。上述研究领域和研究内容形成了安全学科的纵向和横向脉络，系统复杂性成为安全学科发展的新挑战。我国安全学科在矿产资源方面已从浅部向深部开采新问题延伸，从矿井瓦斯、火灾等向通风和职业危害偏移，从矿业安全向城市地下空间安全扩展，从事后灾害治理向事先风险评估和监测预警发展。

（2）“新技术融合”成为安全学科发展方向。当前以物联网和智能制造、智能控制为主导的工业变革，正在深刻影响全球工业产业布局。信息化、智能化、绿色化迅速向各学科领域渗透，产生各种新的领域和合作形式。安全学科逐步呈现系统复杂性、多灾种耦合性和大数据性，安全控制技术从灾害治理向风险评估和监测预警前移，安全应急救援逐步呈现远程化和智能化。因此，以信息化、智能化、绿色化为创新驱动的新技术融合发展将极大提高安全学科的原始创新力。

（3）“多领域交叉”成为安全学科未来发展的必然趋势。安全学科本身是一门新兴的综合性交叉学科，涉及公共安全、矿业安全、工业安全、火灾安全、爆炸安全、建筑安全、石油安全、化工安全、交通安全、航空安全、城市安全、安全技术的12个领域，在多灾种耦合致灾演化机制、风险评估与灾害模拟、安全监测预警、灾害综合应急等关键理论与技术上，各领域相互交叉，因此“多领域交叉”成为安全学科发展趋势。

五、学科的发展前沿

《我国安全科学与工程学科“十四五”发展战略研究》（范维澄院士、袁亮院士等）指出，在安全科学与工程学科发展现状与发展布局的基础上，根据学科发展规律与发展态势，结合学科发展的自身特点和未来五年我国经济社会发展的需求，提出了“十四五”期间安全科学与工程学科向公共安全“大安全格局”发展的目标，梳理出需加强的7个优势方向、应培育的7个发展方向、应促进的5个前沿方向、鼓励交叉的6个研究方向，并凝练出5项“十四五”优先发展领域和4项“中长期”（2035年）优先发展领域。给出了安全学科交叉发展与国际合作前沿的具体方向。

1. 应加强的7个优势方向

煤矿瓦斯灾害预防理论与方法、煤岩动力灾害演化机制与防控、矿井火灾高效防治理论、矿井水灾防治基础理论与技术、生产安全监测与预警、地铁火灾致灾特性及防控机制、典型危险化学品反应安全机理与防控机制。

2. 应培育的7个发展方向

地下空间智能通风与灾害精准预警、矿山热害防治理论与热能利用方法、职业危害与健康防护理论及方法、跨区域大尺度火灾动力学理论与防控原理、超高城市建筑火灾应急控制、城市重要基础设施风险评估与安全防护、危化品动态储运风险防控理论与方法。

3. 应促进的 5 个前沿方向

多灾种耦合孕灾演化机制及智能防控理论、遇险人员生命安全保障基础及灾害医学、高风险环境人机交互耦合风险评估与超前预警、基于脑科学的人员风险行为感知与预警、受限空间新能源动力的燃爆特性及有效控制理论。

4. 鼓励交叉的 6 个研究方向

地下空间重大事故防控理论与技术，重大灾害大尺度仿真与应急理论，深部资源流态化安全转化与智能防控理论，职业健康筛查与个体防护，城市多源信息融合安全评价与韧性构建方法，全方位、立体化公共安全网建设理论与方法。

5.“十四五”优先发展的 5 个领域

多灾种耦合孕灾演化机制及智能防控理论、职业危害与健康防护理论及方法、地下空间重大事故防控理论与技术、危化品动态储运风险防控理论与方法、城市重要基础设施风险评估与安全防护理论。

6.“中长期”（2035 年）优先发展的 4 个领域

遇险人员生命安全保障基础及灾害医学，重大灾害大尺度仿真与应急理论，全方位、立体化公共安全网建设理论与方法，智慧城市安全运行与防护理论。

第二节 安全工程专业

安全工程专业承担了安全科学与工程学科的人才培养职能，作为一个新兴专业，安全工程专业的诞生凝聚了几代安全人的心血。

一、安全工程专业的产生与发展

我国安全工程专业起源于 20 世纪 50 年代的劳动保护专业。1954 年由时任国家劳动部部长李立三同志倡议，创立北京劳动干部学校，于1956年2月正式开学，设立有劳动保护、锅炉检查、劳动经济三个专业。1958年10月，北京劳动干部学校升格为北京劳动学院（现首都经济贸易大学），开设工业安全技术和工业卫生技术本科专业。另外，1957年煤炭部所属西安矿业学院（现西安科技大学）开始开设矿山通风与安全专业，成为我国第一个开设矿山安全专业的高校。在此后的20多年间，由于学校的停办、合并、更名等原因，再加上一些社会因素的影响，安全工程专业教育时断时续。1982年和1983年，湖南大学衡阳分校与沈阳航空工业学院分别开办了安全工程专业，1982年中国矿业大学设立了矿山通风与安全专业。

1984年，国家教育委员会颁布了《高等学校工科本科专业目录》，整合了劳动保护科学技术、工业安全技术、工业卫生技术、卫生工程学等专业，统一称作安全工程，并将安全工程专业正式列为试办专业。在这个目录中，安全工程专业和矿山通风与安全专业并存。之后，安全工程专业的办学规模开始以较快的速度发展，出现了一次办学点的增长高峰期。到1990年，开办安全工程本科专业的高校达到17所。

1993年，国家教育委员会颁布了《普通高等学校本科专业目录》，将安全工程专业设为一级学科管理工程下的二级学科，将矿山通风与安全专业设为一级学科矿业类下的二级学科。1998年，教育部第四次修改《普通高等学校本科专业目录》，压缩了50%以上的本科专业，取消了矿山通风与安全专业，由安全工程专业涵盖所有行业的安全问题，并将安全工程专业设为一级学科环境与安全科学下的二级学科。

1996年12月，受教育部委托，在劳动部领导下，成立了高等学校安全工程专业教学指导委员会。安全工程专业教学指导委员会成立后，在全国开办安全工程类专业的院校的配合下，积极立项开展了全国安全工程高等教育改革调查研究项目、全国安全工程专业管理信息系统、安全工程专业课程体系研究等一系列项目，并组织编写了安全工程专业系列教材，共5本。

2012年9月，教育部印发《普通高等学校本科专业目录（2012年）》，制定《普通高等学校本科专业目录新旧专业对照表》，将原安全工程、雷电防护科学与技术、灾害防治工程合并为安全工程专业，为工学门类专业，属安全科学与工程类专业，这种状况一直持续到现在。并且依托安全工程专业，相继在安全科学与工程类下设立了应急技术与管理、职业卫生工程、安全生产监管专业等，其他一级学科下还有化工安全工程、应急管理等专业。2023 年 5 月召开的安全类专业工程教育与人才培养研讨会显示，目前全国已有 192 所高等院校开办安全工程类本科专业，安全工程类专业呈现出蓬勃发展的态势。

根据中国教育在线的统计数据，截至 2023 年 9 月，全国招收安全工程本科专业的学校共有 158 所，招收应急技术与管理本科专业的学校共有 39 所，招收职业卫生工程本科专业的学校共有 7 所，招收应急管理本科专业的学校共有 38 所，招收化工安全工程本科专业的学校共有 9 所。

在研究生培养方面，1953 年秋季，东北工学院（现东北大学）通风安全教研室以苏联专家和关绍宗教授为首，首次招收了我国第一届矿山通风安全专业的研究生班，学员共 12 名。1981 年 11 月，国务院批准北京市劳动保护科学研究所（现北京市科学技术研究院城市安全与环境科学研究所）为我国首批“安全技术与工程学”硕士学位授予单位。1986 年，中国矿业大学和东北大学首批得到工学门类“安全技术及工程”博士学位授予权，从而构成了安全工程专业的本、硕、博完整的三级学位教育体系。截至 2024 年底，全国共有安全科学与工程博士学位授予单位 34 家，安全工程硕士学位授予单位 90 余家，包括学术硕士学位和专业硕士学位授予单位。

二、大安全和行业安全

在安全工程专业发展过程中有大安全和行业安全的争论，一直到现在安全界的专家也没有完全达成一致。行业安全的研究对象是某一国民经济行业或某一领域的安全，如煤矿安全、化工安全、食品安全或交通安全等，行业安全的毕业生就业范围以该行业为主。而大安全的研究对象是所有行业或领域的安全共性问题，也可以说是大安全把各行各业中涉及安全部分的共性问题提取出来进行研究，所以其毕业生就业范围可以是所有行业领域。大安全和行业安全的发展过程，大致可以分成五个阶段。

第一阶段：初创与并行发展阶段。1958 年北京劳动学院（现首都经济贸易大学）设立的“工业安全技术”和“工业卫生技术”专业是大安全的起点。1957年西安矿业学院（现西安科技大学）设立的“矿山通风与安全”专业是行业安全的起点。从专业开办起两者基本处于并行发展阶段，都为安全工程专业的诞生与发展壮大做出了卓越贡献。

第二阶段：行业安全蓬勃发展阶段。以中国矿业大学开办矿山通风与安全专业为起点，一批原煤炭所属高校陆续开办了该专业。学生毕业后主要被分配到全国各地的煤矿，从事煤矿通风安全技术及管理工作。这时以煤炭行业为代表的行业安全发展迅猛。这一阶段几所高校开设的安全工程专业仍处于按部就班的平稳发展中。由于当时煤炭和冶金行业的安全工程专业发展较好，为了申办安全科学一级学科，大安全和行业安全开展了初步合作。

第三阶段：由行业安全向大安全转型发展阶段。20世纪90年代开始的高等教育体制改革，学生开始自主就业，安全工程专业的部分毕业生没有选择到煤矿就业。学生就业状况的不理想导致专业的招生工作受到很大影响。同时，煤矿企业的安全管理人才也流失严重，许多从事煤矿安全管理的专业技术人员转到其他行业从事安全工作，行业安全的发展遇到瓶颈。于是开办行业安全专业的高校为拓展学生就业渠道，对从专业的培养目标到课程体系的设置进行了全面调整，主要的调整方向是由行业安全向大安全转变。这大大促进了安全工程专业的覆盖面，也可以说直接促进了“大安全观”的成型。这一阶段大致持续到了2005年前后，以国家安全生产监督管理总局（现为应急管理部）的成立为标志。这一时期也是大安全爆发式发展的时期。促进这一发展进程的有两个重要原因。一个是1998年本科专业目录的调整，安全工程专业正式设立，许多专业被整合或取消，其中就包括行业安全的代表矿山通风与安全工程专业，许多寻找替代专业的高校就选择了安全工程专业；另一个是2002年我国《安全生产法》的颁布与实施，社会对大安全人才的需求剧增。两方面的原因大大促进了大安全的发展。

第四阶段：由大安全回归行业安全阶段。部分高校在大安全思路指导下的发展也出现了困难。由于部分学校要涉足新领域，这必然需要设置新课程和充实相应的教学条件，这方面的师资力量和实验条件等教学资源与教学条件都储备不足，需要时间和资金投入才能慢慢具备。一些高校也计划通过开辟新的教学战场将自己的科研方向拓展到其他行业，但经过几年的发展发现效果也不明显。更主要的方面是在大安全的培养目标和课程体系下培养出来的学生在一些高危行业工作时，明显感觉到能力不足。再加上各行业经济形势的逐步好转，这些高校又开始从大安全向行业安全回归。这一阶段大致持续到2014年前后，以教育部和国家安全生产监督管理总局联合发布的《关于加强化工安全人才培养工作的指导意见》（教高〔2014〕4号）为标志。

第五阶段：“依托行业安全、兼顾大安全”的发展阶段。在从行业安全向大安全的发展过程中安全科学与工程学科得到了长足的发展，申报安全科学与工程一级学科的工作也得到安全专家和学者的一致支持。安全工程专业的本科招生院校迅速增加。在如此众多的学校中如何脱颖而出，如何办出特色，又是各高校面临的问题，于是各高校不约而同地想到了“依托行业安全，兼顾大安全”的专业建设模式。即在坚持大安全发展方向的同时，突出专业的行业特色。具体操作方式就是专业分方向，不同学校所分方向不同，但总体思路都是一个大安全方向，一个行业安全方向。对于该阶段也可以说是“发展大安全，兼顾行业特色”阶段。两者说法不同，从专业教学来看主要体现在人才目标定位和培养课程体系设置等方面的侧重点不同，但大体思路还是相同的，也体现了目前安全工程“大安全是趋势，行业安全是特色”的专业特点。

从这些阶段来看，安全工程专业的学生既要学习安全工程的专业技能，又要了解相关行业的行业特征和工艺流程。所以安全工程学科是个典型的交叉学科，各高校培养出来的安全工程专业人才也是典型的复合型人才。

第三节　安全工程的知识结构

安全工程专业的知识结构是围绕事故预防与处理建立的。为预防和处理事故，需要采取各种技术和管理手段，同时需要国家的法律手段来保证这些技术和管理手段落实到位。所以安全工程的知识结构涵盖了安全科学理论、安全管理、安全技术与安全法律法规四部分内容。需要说明的是，由于安全领域范围较广，在设计课程体系时，会包括安全科学理论、安全管理、通用安全技术和法律法规，而涉及专业安全技术及相应的法律法规部分，各学校会根据自己学校的行业背景，有选择地设置。

一、安全科学理论知识

安全科学理论主要包括：事故、事故隐患、危险源分类、事故致因理论、事故预防理论、安全原理、安全生产管理理念、安全心理和行为、安全文化等基本知识。

二、安全管理知识

安全管理知识包括：安全生产监管监察、安全生产责任制、安全生产标准化、安全评价、危险化学品重大危险源、安全生产规章制度、安全操作规程、安全生产投入与安全生产责任保险、安全技术措施计划、建设项目安全设施“三同时”、设备设施安全、作业场所环境管理、安全生产教育和培训、安全生产检查与隐患排查治理、职业病危害预防和管理、劳动防护用品管理、危险作业管理、相关方安全管理、应急管理、生产安全事故调查与分析、安全生产统计分析等。

三、安全技术

安全技术中有些是所有行业领域都会涉及的安全技术，称为通用安全技术，还有些是只有某些行业适用的安全技术，称为专业安全技术。

（一）通用安全技术

通用安全技术包括机械、电气、特种设备、防火防爆和其他共 5 大类安全技术。

（1）防火防爆安全技术。火灾、爆炸机理，防范与化解火灾、爆炸安全风险的安全技术。

（2）电气安全技术。防范与化解作业场所和作业过程中存在的电气安全风险，解决防触电、防静电、防雷击、电气防火防爆和其他电气安全技术问题。

（3）机械安全技术。防范与化解作业场所和作业过程中存在的机械安全风险，解决切削、冲压剪切、木工、铸造、锻造和其他机械安全技术问题。

（4）特种设备安全技术。防范与化解特种设备和作业过程中存在的安全风险，解决锅炉、压力容器（含气瓶）、压力管道、电梯、起重机械、场（厂）内专用机动车辆、客运索道、大型游乐设施等特种设备安全技术问题。

（5）其他通用安全技术。

（二）专业安全技术

专业安全技术涵盖的范围较广，一般按行业领域划分，以高危行业为主，包括煤矿、金属非金属矿山、化工、金属冶炼、建筑施工、道路运输和其他安全技术。

1. 煤矿安全技术

包括煤矿开采技术基础、煤矿通风技术、瓦斯防治技术、防灭火技术、粉尘防治技术、防治水技术、地压灾害防治技术、爆破技术、机电运输技术、边坡灾害防治技术、排土场及矸石山灾害防治技术、矿山救护。

2. 金属非金属矿山安全技术

包括金属非金属矿山开采技术基础、矿山地质等自然灾害防治技术、矿山通风技术、矿山地压灾害防治技术、地下空区危害防治技术、矿山水灾防治技术、爆破危害防治技术、矿井火灾防治技术、提升与运输危害防治技术、矿山边坡灾害防治技术、排土场（废石场）灾害防治技术、尾矿库灾害防治技术、矿山机械与电气等其他危害防治技术。

3. 化工安全技术

包括化工安全技术基础、化工过程安全生产技术、化工建设项目安全技术、特殊作业安全技术、化学品储运安全技术、化工过程控制和检测技术、化工事故应急救援技术、化工火灾扑救。

4. 金属冶炼安全技术

包括生产工艺流程、烧结球团安全技术、焦化安全技术、炼铁安全技术、炼钢安全技术、轧钢安全技术、有色金属压力加工安全技术、煤气安全技术、冶金企业常用气体安全技术、铝冶炼安全技术、重金属及其他有色金属冶炼安全技术。

5. 建筑施工安全技术

包括建筑施工安全技术基础，建筑施工机械安全技术，建筑施工临时用电安全技术，安全防护技术，土石方及基坑（槽）工程安全技术，脚手架、模板工程安全技术，城市轨道交通工程施工安全技术，专项工程施工安全技术，应急救援。

6. 道路运输安全技术

包括道路运输安全技术基础、道路旅客运输安全技术、道路货物运输安全技术、道路运输站场安全生产技术、道路运输信息化安全技术、道路运输事故应急处置与救援、道路运输其他安全生产技术。

7. 其他专业安全技术

除上述安全技术外的其他专业安全技术。

四、安全生产法律法规

安全日常工作的最主要内容是合规性检查，即检查企业和相关人员的行为、物的状态以及生产环境是否符合安全生产法律法规的要求。要想做好这项工作就要了解安全生产法律法规，其中包括安全生产法律法规体系、安全生产法、安全生产单行法律、安全生产相关法律、安全生产行政法规、安全生产部门规章、安全生产相关标准和其他相关法律法规标准等。

1. 安全生产法律体系

我国安全生产法律体系由安全生产相关法律、行政法规、规章、标准等组成。

2. 安全生产法

包括生产经营单位的安全生产保障、安全管理机构与人员的职责、从业人员的安全生产权利义务和安全生产的监督管理、生产安全事故的应急救援与调查处理，以及安全生产标准化等方面的有关内容、违法行为及应负的法律责任。

3. 安全生产单行法律

专门用于规范某行业领域的安全生产法律，包括《矿山安全法》《消防法》《道路交通安全法》《特种设备安全法》《建筑法》等。

4. 安全生产相关法律

不是专门规范安全生产的，但其中的内容会涉及安全生产，包括《行政处罚法》《劳动法》《劳动合同法》《突发事件应对法》《职业病防治法》《刑法》《最高人民法院、最高人民检察院关于办理危害生产安全刑事案件适用法律若干问题的解释》等。

5. 安全生产行政法规

安全生产行政法规是指国务院为领导和管理安全生产工作，根据宪法和法律制定的各种条例、办法、实施细则、规定等，以国务院令的形式发布。其效力仅次于宪法和法律，高于部门规章和地方性法规。主要的安全生产行政法规有：《生产安全事故应急条例》《安全生产许可证条例》《煤矿安全生产条例》《建设工程安全生产管理条例》《危险化学品安全管理条例》《烟花爆竹安全管理条例》《民用爆炸物品安全管理条例》《特种设备安全监察条例》《生产安全事故报告和调查处理条例》《工伤保险条例》《大型群众性活动安全管理条例》等。

6. 安全生产部门规章及重要文件

安全生产部门规章是指国务院有关部门，依法按照部门规章制定程序制定发布的用于规范安全生产的行政规范性文件的总称。例如：《生产经营单位安全培训规定》《安全生产培训管理办法》《安全生产事故隐患排查治理暂行规定》《生产安全事故应急预案管理办法》《建设项目安全设施“三同时”监督管理办法》《煤矿企业安全生产许可证实施办法》等。

7. 安全生产标准

安全生产标准是用于规范安全生产具体操作的规则。按适用范围分为国家标准（GB）、行业标准、地方标准（DB）和企业标准（Q），行业标准编码按行业使用不同的编码，如安全行业为AQ，煤炭行业为MT等；按法律的约束性分为强制性标准、推荐性标准（/T）。如GB 6944—2012《危险货物分类和品名编号》、GB/T 42768—2023《公共安全 城市安全风险评估》、GB/T 24479—2023《火灾情况下的电梯特性》、AQ 3010—2022《加油站作业安全规范》、AQ/T 3034—2022《化工过程安全管理导则》等。

8. 其他安全生产法律、法规和规章

其他法律法规中涉及安全生产的条款。

第二章

安全工程干什么

安全工程作为一个新兴专业，许多同学不知道该专业学完后干什么工作。虽然部分同学知道该专业是预防和处理事故的，但工作内容具体有哪些却不太清楚。安全工程专业的具体工作可以概括为6项内容：危险源辨识与评估、安全检测检验、安全技术措施编制、安全工程设计、安全管理、事故应急处置与调查。

第一节　危险源辨识与评估

安全评价是安全生产工作的一项重要内容，它是以实现工程、系统安全为目的，应用安全系统工程的原理和方法，对工程、系统中存在的危险、有害因素进行识别与分析，判断工程、系统发生事故和急性职业危害的可能性及其严重程度，提出安全对策建议，从而为工程、系统制定防范措施和管理决策提供科学依据。安全评价在西方称为风险评估，其理论与方法产生于保险业。20世纪30年代，保险公司为客户承担各种风险，必然要收取一定的费用，而收取费用的多少是由所承担风险的大小决定的。因此，就产生了一个衡量风险程度的问题，这个衡量风险程度的过程就是风险评估。安全评价作为现代安全管理模式，体现的是人民至上、生命至上的安全发展理念，体现的是安全第一、预防为主、综合治理的安全生产方针。

危险源辨识与评估是安全评价的重要内容。危险源是导致事故的根源，安全工作者的一项重要任务就是将系统中的所有危险源找出来，并评估其危险性大小，如果危险程度不能被接受就需要制定安全技术措施来降低它的危险性，这是安全工作的起点。

一、危险源辨识

危险源是指能造成事故或职业病的危险有害因素，它包含危险因素和有害因素两类。危险因素是指能对人造成伤亡或对物造成突发性损害的因素。有害因素是指能影响人的身体健康，导致疾病，或对物造成慢性损害的因素。通常情况下，二者并不加以区分而统称为危险有害因素。危险有害因素主要指客观存在的危险、有害物质或能量超过一定限值的设备、设施和场所等。

危险源辨识就是分辨、识别、分析确定系统中存在的危险，是预测安全状态和事故发生途径的一种手段。危险源辨识包括人的危险有害因素辨识、物的危险有害因素辨识、环境危险有害因素辨识、管理危险有害因素辨识。人的危险有害因素主要有体力负荷超限、从事禁忌作业、情绪异常等心理或生理性的危险有害因素，以及指挥失误、违章指挥、误操作、违章作业等行为性的危险有害因素；物的危险有害因素主要包括强度不够、密封不良、设计缺陷、防护不当、漏电、噪声、电离辐射、高温、明火等物理性危险有害因素，以及爆炸物、易燃物、氧化性物质、毒性物质等化学性危险有害因素，还有细菌、病毒等生物性危险有害因素；环境危险有害因素包括作业场所狭窄、地面湿滑、采光照明不良、温度湿度不适等室内作业场所不良，以及交通环境不良、地面缺陷、光照不足等室外作业场所不良；管理危险有害因素包括安全生产机构和人员配备不健全、教育培训制度不落实、操作规程不完善、安全投入不足、应急预案缺陷、应急演练不到位等。

生产过程中危险源辨识的全部内容可以参考《生产过程危险和有害因素分类与代码》(GB/T 13861)。

二、危险源评估

对于辨识出来的危险源并不是全部要采取管控措施，而是只针对那些风险较大不可接受的危险源才需要制定管控措施。所以对辨识出的危险源要进行风险分析和评价以确定风险的大小及是否需要采取管控措施，这个过程就称为危险源评估。风险分析主要是分析危险源演变为事故的触发条件、发展路径、后果怎样、发生的可能性大小。风险评价主要是把风险分析结果与确定的风险标准进行比较，以确定风险是否可以接受，以及需要采取什么样的风险应对措施。

三、评估单元的划分

评估单元就是在危险有害因素识别与分析的基础上，根据评估目标和评估方法的需要，将系统分成有限的、确定范围的评估单元。一个作为评估对象的项目、装置(系统)，一般是由相对独立、相互联系的若干部分(子系统、单元)组成。各部分的功能、存在的危险有害因素、危险性大小不尽相同。以整个系统作为评估对象实施评估时，一般按一定原则将评估对象分成若干个评估单元分别进行评估，再综合为整个系统的评估。将系统划分为不同类型的评估单元进行评估，不仅可以简化评估工作、减少评估工作量、避免遗漏，而且还能了解整个系统的危险性，提高评估的准确性。

四、常用评估方法简介

危险源评估方法是进行定性、定量评估的工具。由于危险源种类众多，危险源评估的内容也十分丰富，评估的目的和对象不同，评估的内容和指标也不同。目前，危险源评估方法有很多种，每种评估方法都有其适用范围和应用条件，在进行危险源评估时，应根据评估对象和评估目的，选择适用的危险源评估方法。

1. 安全检查表分析

为了查找工程、系统中各种设备设施、物料、工件、操作、管理和组织措施中的危险有害因素，事先把评估对象加以分解，将大系统分割成若干小的子系统，以提问或打分的形式将检查项目列表逐项检查，避免遗漏，这种表称为安全检查表。

2. 危险指数评估法

危险指数评估法其实是一类评估方法，它是通过评估人员对几种工艺现状及运行的固有属性（以作业现场危险度、事故概率和事故严重度为基础，对不同作业现场的危险性进行鉴别）进行比较计算，确定工艺危险特性重要性大小，并根据评估结果确定进一步评估的对象。此类方法使用起来可繁可简，形式多样，既可定性，又可定量。例如，评估者可依据作业现场危险度、事故概率、事故严重度的定性评估，对现场进行简单分级；或者，较为复杂的，通过对工艺特性赋予一定的数值组成数值图表，用此计算数值化的分级因子。常用的评估方法有：①危险度评估；②道化学火灾、爆炸危险指数法；③蒙德法；④化工厂危险等级指数法。

3. 预先危险性分析方法

预先危险性分析方法是一种起源于美国军方的危险源评估方法，它是在某项工作开始之前为实现系统安全而对系统进行的初步或初始的分析，包括设计、施工和生产前，首先对系统中存在的危险性类别、出现条件。导致事故的后果进行分析，其目的是识别系统中的潜在危险，确定其危险等级，防止危险发展成事故。预先危险性分析可以达到以下目的：①大体识别与系统有关的主要危险；②鉴别产生危险的原因；③预测事故发生对人员和系统的影响；④判别危险等级，并提出消除或控制危险性的对策措施。预先危险性分析方法通常用于对潜在危险了解较少和无法凭经验觉察的工艺项目的初期阶段（初步设计或工艺装置的研究和开发阶段）。

4. 故障假设分析方法

故障假设分析方法是一种对系统工艺过程或操作过程的创造性分析方法。

使用该方法的人员应熟悉工艺，通过提出一系列“如果……怎么办”的问题来发现可能的和潜在的事故隐患，从而对系统进行彻底检查。故障假设分析通常用于对工艺过程进行审查，一般要求评价人员用“What…If”作为开头对有关问题进行考虑，从进料开始沿着流程直到工艺过程结束。任何与工艺有关的问题，即使它与之不太相关，也可以提出加以讨论。故障假设分析将找出暗含在提出的问题和争论中的可能事故情况。这些问题和争论常常指出了故障发生的原因。通常要将所有的问题记录下来，然后进行分类。例如：提供的原料不对，如何处理？如果在开车时泵停止运转，怎么办？如果操作工打开阀B而不是阀A，怎么办？

5. 危险和可操作性研究

危险和可操作性研究（HAZOP）是一种定性的评估方法。其基本过程是以关键词为引导，找出过程中工艺状态的变化（即偏差），然后分析偏差产生的原因、后果及可采取的对策。危险和可操作性研究是基于这样一种原理，即背景各异的专家们如在一起工作，就能够在创造性、系统性和风格上互相影响和启发，能够发现和鉴别更多的问题，要比他们独立工作并分别提供工作结果更为有效。虽然危险和可操作性研究起初是专门为评价新设计和新工艺而开发的，但这种方法同样可以用于整个工程、系统生命周期的各个阶段。危险和可操作性研究的本质，就是由各种专业人员按照规定的方法，通过系列会议对工艺流程图和操作规程进行分析，对偏离设计的工艺条件进行过程危险和可操作性研究。帝国化学工业公司（ICI，英国）最早确定要由一个多方面人员组成的小组执行危险和可操作性研究工作。危险和可操作性研究与其他方法明显的不同之处在于：其他方法可由某人单独去做，而危险和可操作性研究则必须由一个多方面的、专业的、熟练的人员组成的小组来完战。

6. 故障类型及影响分析

故障类型及影响分析（FMEA）利用系统的可分割性把系统分解为子系统或元器件，然后从分析这些元器件和子系统可能发生的故障和故障类型开始，逐个分析其对子系统乃至整个系统安全性的影响，以便采取防止或消除事故的对策措施，提高系统的安全可靠性。它可以分析出系统的事故类型及发生发展路径，从而确定故障的严重度等级，是一种辨识、分析系统潜在危险及其影响的定性分析方法。

7. 事故树分析

事故树分析（fault tree analysis，FTA），又称事故逻辑树分析，是系统安全分析中应用最广泛、最普遍的一种分析方法。它既可以进行定性分析，又能定量计算，能全面地对系统危险性进行辨识分析及预测评估，因此得到了广泛应用。事故树分析由顶事件（即所要分析的事故）开始，逐个找出引发此事件的各种中间原因事件，然后依次分析引起这些中间原因事件的下一层原因事件，直到不能再分的基础原因事件为止。因为上下层中间事件是结果原因关系且大部分是多因一果，所以用逻辑门“与”或者“或”将它们连接。最后形成一棵倒立的树状图形——事故树。事故树编制完成后，通过定性分析求出事故树的最小割集、最小径集以及基础原因事件的结构重要度顺序。每一个最小割集就是一种引起顶事件发生的基础原因事件组合，即是一种事故模式。每一个最小径集就是一种防止顶事件发生的基础原因事件组合，即是一种事故防治途径。根据基础原因事件的发生概率还可以计算顶事件的发生概率，以及得出考虑概率的基础原因事件的重要度，从而提出为防止事故发生优先解决哪些基础原因事件的建议。

8. 事件树分析

事件树分析（event tree analysis，ETA）是安全系统工程中常用的一种归纳推理分析方法，起源于决策树分析（DTA），它是一种按事故发展的时间顺序由初始事件开始推论可能的后果，从而进行危险源辨识的方法。这种方法将系统可能发生的某种事故与导致事故发生的各种原因之间的逻辑关系用一种称为事件树的树形图表示，通过对事件树的定性与定量分析找出事故发生的主要原因，为确定安全对策提供可靠依据，以达到预测与预防事故的目的。目前，事件树分析已在宇航、电力、化工、矿山、机械、交通、核工业等领域广泛应用，它可以进行故障诊断，分析系统的薄弱环节，指导系统的安全运行，实现系统的优化设计等。

9. 人因可靠性分析

随着科技发展，系统及设备自身的安全与效益得到不断提高，人机系统的可靠性和安全性愈来愈取决于人的可靠性。据统计，20% ～ 90% 的系统失效与人有关，其中直接或间接引发事故的比率为 70% ～ 90%，如何把人的失误对于风险的后果考虑进去，以及如何揭示系统的薄弱环节，在事故发生之前加以防范，成为亟待解决的重要问题，而这些都以详尽和准确的人因可靠性分析（human reliability analysis，HRA）为基础。

人的可靠性行为是人机系统成功的必要条件，人的行为受很多因素影响。这些“行为形成因子”（performance shaping factor，PSF）可以是人的内在属性，如紧张、情绪、教养和经验；也可以是人的外在因素，如工作间、环境、监督者的举动、工艺规程和硬件界面等。影响人员行为的 PSF 数不胜数。尽管有些 PSF 是不能控制的，但许多却是可以控制的，可以对一个过程或一项操作的成功或失败产生明显的影响。

例如，评估人员可以把人为失误考虑进故障树之中去，一项“如果……怎么办”/ 检查表分析可以考虑这种情况——在异常状况下，操作人员可能将本应关闭的阀门打开了。典型的危险和可操作性研究（HAZOP）通常也把操作人员失误作为工艺失常（偏差）的原因考虑进去。尽管这些评估技术可以用来寻找常见的人为失误，但它们还是主要集中于寻找引发事故的硬件方面。当生产过程中手工操作过多时，或者当人 - 机界面很复杂，难以用标准的评估技术评估人为失误时，就需要特定的方法去评估这些人为因素。

人为因素研究是研究机器设计、操作、作业环境，以及它们与人的能力、局限和需求如何协调一致的学科。有许多不同的方法可供人为因素专家用来评估工作情况。一种常用的方法叫作“作业安全分析”（job safety analysis，JSA），但该方法的重点是评价作业人员的个人安全。JSA 是一个良好的开端，但就工艺安全分析而言，人因可靠性分析更为有用。人因可靠性分析可用来识别和改进 PSF，从而减少人为失误的机会。这种技术分析的是系统、工艺过程和操作人员的特性，识别失误的源头。不与整个系统分析相结合而单独使用 HRA 技术的话，似乎是太突出人的行为而忽视了设备特性的影响。所以，在大多数情况下，建议将HRA方法与其他评估方法结合使用。一般来说，HRA技术应该在其他评价技术（如HAZOP，FMEA，FTA）之后使用，识别出具体的、有严重后果的人为失误。

10. 作业条件危险性评价（LEC）

美国的K.J.格雷厄姆和G.F.金尼研究了人们在具有潜在危险环境中作业的危险性，提出了以所评价的环境与某些作为参考环境的对比为基础，将作业条件的危险性作为因变量（D），事故或危险事件发生的可能性（L）、暴露于危险环境的频率（E）及危险严重程度（C）作为自变量，确定了它们之间的函数式（$D=LEC$）。根据实际经验他们给出了3个自变量的各种不同情况的分数值，采取对所评价的对象根据情况进行“打分”的办法，然后根据公式计算出其危险性分数值，再按危险性分数值划分的危险程度等级表查出其危险程度。LEC是一种简单易行的评价作业条件危险性的方法。

11. 定量风险评估

定量风险评估（quantity risk analysis，QRA）是近年来非常流行的系统风险评估方法。前面介绍的一些定性和半定量的评估是非常有价值的，但是这些方法仅是定性的，不能提供足够的定量化，特别是不能对复杂的并存在危险的工业流程等提供决策的依据和足够的信息。在这种情况下，必须能够提供完全的定量的计算和评估。定量风险评估可以将风险的大小完全量化，风险可以表征为事故发生的概率和事故后果的乘积。QRA对这两方面均进行评价，并提供足够的信息，为业主、投资者、政府管理者提供有利的定量化的决策依据。

对于事故后果模拟分析，国内外有很多研究成果，如美国、英国、德国等发达国家，早在20世纪80年代初便完成了以Burro、Coyote、Thomey Island为代表的一系列大规模现场泄漏扩散实验。到了20世纪90年代，又针对毒性物质的泄漏扩散进行了现场实验研究。迄今为止，已经形成了数以百计的事故后果模型，如著名的DEGADIS、ALOHA、SLAB、TRACE、ARCHIE等。基于事故模型的实际应用也取得了发展，如DNV公司的SAFETY Ⅱ软件是一种多功能的定量风险分析和危险评价软件包，包含多种事故模型，可用于工厂的选址、区域和土地使用决策、运输方案选择、优化设计、提供可接受的安全标准。Shell Global Solution 公司提供的 Shell FRED、Shell SCOPE 和 Shell Shepherd 3 个序列的模拟软件涉及泄漏、火灾、爆炸和扩散等方面的风险评价。这些软件都是建立在大量实验的基础上得出的数学模型，有很强的可信度；评价的结果用数字或图形的方式给出事故影响区域以及个人和社会承担的风险；可根据风险的严重程度对可能发生的事故进行分级，有助于制定降低风险的措施。

第二节 安全检测检验

安全检测检验的主要任务是及时、准确地为安全管理的决策提供丰富、可靠的现场安全因素信息，为采取安全技术措施，预防伤害事故的发生提供数据依据。它为职业健康安全状态进行评价、为安全技术及设施进行监督、为安全技术措施的效果进行评价等提供可靠而准确的信息，从而改善劳动作业条件，改进生产工艺过程，控制系统或设备的事故（故障）发生。安全检测检验是危险源辨识与监控的基本技术手段，它是安全工作的基础。常见的生产安全检测检验有气体检测、粉尘检测、温度检测、压力检测、液位检测、金属探伤等。

安全检测与安全检验不同。安全检测是具体安全参数的测试活动，只要给出测试结果即可。安全检验是在检测的基础上所进行的符合性评价。安全检测谁都可以进行，而安全检验一般要在有一定资质的机构进行。作为本科生而言首先是要掌握检测技术，所以本节主要介绍安全检测技术。

一、气体检测

在工业生产和日常生活中，气体泄漏与积聚是造成人员中毒、燃烧、爆炸等恶性事故的主要原因。1984 年印度博帕尔的联合碳化物农药工厂发生以异氰酸甲酯为主的高毒气体泄漏事故，造成大约 2.5 万人直接死亡，20 多万人终身残疾。所以气体检测是安全检测的重要内容。安全检测涉及的气体有三大类：一是可燃气体，如氢气、甲烷、乙烷、乙炔等；二是有毒气体，如一氧化碳、二氧化硫、硫化氢等；三是其他气体，如氧气，需要监测环境中的氧气浓度是否符合要求。

1. 气体检测仪表的工作原理

现代工业生产中，都装备有气体监测系统，实现了作业环境的24h自动监测，并且具备自动报警断电等功能。监测系统的气体测量主要依靠其安设的各种气体传感器，气体传感器按工作原理分主要有催化燃烧式气体传感器、热传导式气体传感器、半导体式气敏传感器等。

（1）催化燃烧式气体传感器。催化燃烧式气体传感器的核心是一对很小的被称为“珠”（bead）的元件。其中一颗是检测元件（工作珠），俗称黑元件，由一个电加热的铂金线圈制成，外面覆盖了两层物质，里层是陶瓷基料，外层则是催化剂。另一颗为补偿元件（参考珠），俗称白元件，它跟检测元件类似，只是没有催化剂层。两个元件分别位于惠斯通电桥电路对立的两个支路上，检测元件与可燃气体发生反应，补偿元件则不会反应，只对外部温度或湿度变化起补偿作用。

正常时，对铂金线圈通以电流，使检测元件保持450～500℃高温，当接触可燃气体后，检测元件发生催化燃烧反应，使铂金线圈温度升高，电阻值上升，通过惠斯通电桥精确测量元件的阻值变化，就可以计算出样品气体的浓度。在一定温度条件下，可燃气体在检测元件载体表面及催化剂的作用下发生无焰燃烧，载体温度就升高，通过它内部的铂丝电阻也相应升高，从而使平衡电桥失去平衡，输出一个与可燃气体浓度成正比的电信号。通过测量铂丝的电阻变化的大小，就知道可燃性气体的浓度。

（2）热传导式气体传感器。每种气体都有固定的热传导率（可以简单理解为传导热量的能力），热传导式气体传感器利用被测气体与纯净空气的热传导率之差和在金属氧化物表面燃烧的特性，将被测气体浓度转换成热丝温度或电阻的变化，达到测定气体浓度的目的。

（3）半导体式气敏传感器。半导体式气敏传感器利用半导体气敏元件同气体接触，造成半导体性质发生变化，借此检测特定气体的成分或测量其浓度。半导体式气敏传感器的品种很多，其中金属氧化物半导体材料制成的数量最多（占气敏传感器的首位），其特性和用途也各不相同。金属氧化物半导体材料主要有 SnO_2 系列、ZnO 系列及 Fe_2O_3 系列，由于它们的添加物质各不相同，因此能检测的气体也不同。半导体式气敏传感器适用于检测低浓度的可燃性气体及毒性气体，如 CO、H_2S、NO_x 及 C_2H_5OH、CH_4 等烃类气体。其测量范围为百万分之几到百万分之几千。

2. 主要气体检测仪表

上述气体传感器可以在气体监控系统中使用，也可以制成便携式气体检测仪器使用。除了这些自动气体检测仪外，现场还使用其他的气体检测方式，如气体检测管。如果对气体检测的精度要求较高，还可以使用气体分析仪器，如气相色谱仪。

（1）气体检测管。气体检测管是一种迅速测定空气中有毒有害气体浓度的工具。它是在细玻璃管中充填一定量的检测剂并用材料固定，再将两端加热熔融封闭。被测气体同检测管内化学药剂发生反应，产生颜色变化。检测管上有刻度，根据颜色变化的长度读取相应的刻度，即是对应的气体浓度，这是比长式气体检测管。除比长式外，还有比色式气体检测管，目前应用较少。

气体检测管现场检测时与气体采样器配套使用，首先用配备的小砂轮把玻璃管的两端打开，按照指示的方向把检测管插到气体采样器中，以一定速度使气流通过检测管，根据检测管变色的长度直接读取气体浓度值。

该方法操作简便，测定迅速，可测气体种类多，目前已可测定 300 多种气体，常用的有一氧化碳检测管、硫化氢检测管、氨气检测管、二氧化氮检测管等。但气体检测管检测的精度不高，如果是精确测定气体浓度需要用气相色谱仪。

（2）气相色谱仪。不同物质在两相中具有不同的分配系数，当两相做相对运动时，这些物质在两相中的分配反复进行多次，这样使得那些分配系数只有微小差异的组分产生很大的分离效果，从而使不同的组分得到分离。

气相色谱法样品由定量管送入仪器，由额定流速载气（流动相）将其带入额定温度的色谱柱检定器（固定相），使样品分子在载气和固定相之间进行分配。样品中各组分的物理、化学性质有所不同，所以各自在两相间分配比也不同，于是各组分在色谱柱内运动速度就有差异，当经过一段距离之后，各组分通过多次的分配，彼此之间就拉开距离，按先后顺序从色谱柱流出，由相应的检定器得到各组分的信号，在记录仪中显示出不同组分的色谱图，最后用归一法计算出各组分的百分含量。

色谱法气体检测测定精度高，能够满足环境中微量气体检测需求，在矿山、化工、制药等行业应用广泛。

二、粉尘检测

许多工业生产过程会产生粉尘，粉尘不仅会影响职工的身体健康，而且会加速设备的磨损，如果是可燃性粉尘达到一定浓度还会引起爆炸，给企业的安全生产和职业卫生工作造成严重影响。在生产过程中产生并且能够长时间悬浮于空气中的固体微粒称为生产性粉尘，是职业卫生安全的检测对象。为了有效地采取防尘、灭尘措施，控制粉尘对环境的危害，有效地实施劳动保护，必须对粉尘的物理化学性质、粉尘的粒径及分布、粉尘浓度等进行检测。

1. 粉尘浓度检测

（1）滤膜重量测定法。用抽气泵抽取一定体积含尘空气，并让其通过已知质量的聚氯乙烯纤维滤膜，则粉尘被阻留在滤膜上，根据采样前后滤膜的质量之差和采气体积计算出单位体积空气中粉尘的质量浓度 C（mg/m^3）。

（2）压电晶体差频法。石英晶体差频粉尘测定仪以石英谐振器为测尘传感器，其工作原理是：空气样品经粒子切割器剔除粒径大的颗粒物，粒径范围小的颗粒物进入测量气室。测量气室内有由高压放电针、石英谐振器及电极构成的静电采样器，气样中的粉尘因高压电晕放电作用而带上负电荷，然后在带正电荷的石英谐振器表面放电并沉积，除尘后的气样流经参比室内的石英谐振器排出。因参比石英谐振器没有集尘作用，当没有气样进入仪器时，两谐振器固有振荡频率相同，无信号输出到电子处理系统，数显屏幕上显示零。当有气样进入仪器时，则测量石英谐振器因集尘而质量增加，其振荡频率降低，两谐振器频率之差经信号处理系统转换成粉尘浓度并在数显屏幕上显示。测量石英谐振器集尘越多，振荡频率降低也越多，二者具有线性关系。通过测量采样后两石英谐振器频率之差，即可得知粉尘浓度。当用标准粉尘浓度气样校正仪器后，即可在显示屏幕上直接显示被测气样的粉尘浓度。为保证测量准确度，应定期清洗石英谐振器。目前已有带自动清洗功能的连续自动石英晶体测尘仪。

（3）β射线吸收法。β射线通过特定物质后，其强度将衰减，衰减程度与所穿过的物质厚度有关，而与物质的物理、化学性质无关。β射线测尘仪是通过清洁滤带（未采尘）和采尘滤带（已采尘）对β射线吸收程度的差异来测定采尘量的。因采集含尘空气的体积是已知的，故可得知空气中含尘浓度。

（4）光散射法。光散射法测尘仪是基于粉尘颗粒对光的散射原理设计而成的，其检测原理为：在抽气动力作用下，将空气样品连续吸入暗室，平行光束穿过暗室，照射到空气样品中的细小粉尘颗粒时，发生光散射现象，产生散射光。颗粒物的形状、颜色、粒度及其成分等一定时，散射光强度与颗粒物的质量浓度成正比。散射光经光电传感器转换成微电流，微电流被放大后再转换成电脉冲数，利用电脉冲数与粉尘浓度成正比的关系便能测定空气中粉尘的浓度。

2. 粉尘粒径测定

测量方法为显微镜法，通过显微镜可以直接看到单个粒子的大小、形状、颜色以及聚集、空洞等现象，这些都是其他方法不能实现的。但用肉眼直接测量粒子的大小和计数，人很容易疲劳，通常用电子扫描显微镜代替人工操作。测定时，首先校准目镜测微尺，然后制备尘粒标本，粒径采用表观粒径，即投影尺寸。在实际测量时，多采用垂直投影法，即使所测粉尘粒子在视场内向一个方向移动，顺序无选择地逐个测量粒径。

用显微镜法测定粒径分布时，如果要达到一定精度，需要对大量粒子计数。为缩短观测过程，可采用统计学分层取样计数，即对数量较多的小粒子只测定一个或两个定面积视野，而对出现较多的大粒子则可以多测几个定面积视野，然后取平均值。

显微镜法测得的是粉尘计数分布，要想变成计重分布需通过体积换算，得到各粒径区间的粒子质量分数。其方法是首先根据测定的粒径区间上下限求出各区间粒径的算术平均值，然后根据粒径区间的颗粒数求出各区间的分割体积。

3. 粉尘分散度测定

（1）滤膜溶解涂片法。将采集有粉尘的过氯乙烯滤膜溶于有机溶剂中，形成粉尘颗粒的混悬液，制成标本，在显微镜下测量粉尘的大小及数量，计算不同大小粉尘颗粒的百分比。

（2）自然沉降法。将含尘空气采集在沉降器内，粉尘自然沉降在盖玻片上，在显微镜下测量粉尘的大小及数量，计算不同大小粉尘颗粒的百分比。对于可溶于乙酸丁酯的粉尘选用本法。

4. 粉尘中游离二氧化硅含量测定

粉尘中游离二氧化硅含量决定着粉尘致病性的强弱，不同作业场所的浓度标准要求也不同，粉尘中游离二氧化硅含量主要测定方法有以下几种。

（1）焦磷酸法。粉尘中的硅酸盐及金属氧化物能溶于加热到 245 ～ 250℃的焦磷酸中，而游离二氧化硅几乎不溶，从而实现分离。然后称量分离出的游离二氧化硅，计算其在粉尘中的百分含量。

（2）红外分光光度法。α- 石英在红外光谱中于 12.5μm（$800cm^{-1}$）、12.8μm（$780cm^{-1}$）以及 14.4μm（$694cm^{-1}$）处出现特异性强的吸收带，在一定范围内，其吸光度值与 α- 石英质量呈线性关系。故可以通过测量吸光度来定量测定游离二氧化硅含量。测定的仪器主要是红外分光光度计。

（3）X 射线衍射法。当 X 射线照射游离二氧化硅结晶时，将产生 X 射线衍射；在一定的条件下，衍射线的强度与被照射的游离二氧化硅的质量成正比。测量衍射线强度，从而对粉尘中游离二氧化硅进行定性和定量测定。

5. 粉尘燃爆性能测定

反映粉尘燃爆性能的参数较多，如粉尘云最低着火温度、粉尘层最低着火温度、自燃点、最大爆炸压力、最大爆炸速度等，常用的有粉尘云最低着火温度和粉尘层最低着火温度。

（1）粉尘云最低着火温度测定。粉尘云着火是指在能量作用下空气中粉尘云发生爆炸的初始现象。粉尘云最低着火温度是指在加热炉中的粉尘云发生着火时加热炉中部内壁的最低温度。

测定的核心装置是带有温控和喷粉装置的加热炉。测定时首先制成不同粒径的粉尘，称取一定量的粉尘（一般为0.1g），装入储尘器。调节炉温，再调节喷粉装置压力，打开喷粉开关，将粉尘喷入加热炉，观察是否出现着火。根据着火与否不断降低升高炉温，重新装入相同质量的粉尘进行试验，直到不着火。然后重复试验，直到10次仍未着火，按标准给出最低着火温度。

（2）粉尘层最低着火温度测定。粉尘层着火指受试粉尘层发生无焰燃烧或有焰燃烧，或其温度达450℃及以上，或其温升达到或超过热表面温度250℃时的状态。粉尘层最低着火温度指在热表面上规定厚度的粉尘层着火时热表面的最低温度，它的测定在粉尘层最低着火温度测定装置上进行。测试装置由热表面、加热器、粉尘层热电偶、温度控制及测量装置等组成。

粉尘试样应制成均质的，并具有代表性。粉尘试样应能通过标称孔径75μm的金属网或方孔板试验筛。如果需要用较粗的粉尘进行试验，可通过标称孔径高达500μm的试验筛，并应在试验报告中说明试验筛筛孔尺寸。把粉尘制成粉尘层，使粉尘充满金属环并刮平。对于要测定的每种粉尘，应将粉尘层按上述方法制作在一张已知质量的纸上，然后称出其质量。粉尘层的密度等于粉尘层的质量除以金属环的内容积。

将热表面的温度调节到预定值，并使其稳定在一定范围内，然后将一定高度的金属环放置于热表面的中心处，再在2min内将粉尘填满金属环内，并刮平，温度记录仪随之开始工作。保持温度恒定，直到观察到着火或温度记录仪证实已着火为止；或发生自热，但未着火，粉尘层温度已降到低于热表面温度的稳定值，试验也应停止；如果30min或更长时间内无明显自热，试验应停止，然后更换粉尘层升温进行试验，如果发生着火，更换粉尘层降温进行试验。试验直到找到最低着火温度为止。

最高未着火的温度低于最低着火温度，其差值不应超过10℃。验证试验至少进行3次。如果热表面温度为400℃时粉尘层仍未着火，试验结束。

除非能证明这个反应没有成为有焰燃烧或无焰燃烧，下列过程都视为着火：能观察到粉尘有焰燃烧或无焰燃烧；高出热表面温度 250℃；温度达到 450℃。

三、状态参数检测

在化工等生产系统中，温度、压力、液位、流速、湿度等有关参数需要在合理的范围内，这对于保障系统稳定运行和安全生产有至关重要的作用。为此需要时常检测生产系统中的这些状态参数，主要有温度、压力和液位。

1. 温度检测

温度是国际单位制中七个基本物理量之一，能表征物体冷热程度，在微观上是物质分子运动平均动能大小的标志。自然界中许多物理现象、化学反应都与温度有紧密联系，温度的变化会影响到物体的尺寸、体积、密度、黏度、硬度、弹性系数、电导率、磁导率、热容量等。温度是安全检测重要的参数之一，也是表征机器设备运行状态是否正常的一个重要指标。

检测温度的仪表称为温度计。根据温度的定义，温度不能直接测量，只能借助于冷热不同的物体之间的热交换以及物体的某些物理性质随着冷热程度不同而变化的特性来加以间接测量。利用各种温度传感器，组成多种测温仪表。

物体的温度变化会带来各种各样的效应。物理的有：长度、容积、相变等机械量；电阻、电势、电导等电学量；光强、辐射功率、波长等光学量。化学的有：分解、聚合、颜色等。科学家根据不同的效应制成了不同的测温仪表，但不是所有物质都符合以下要求：①连续地、单值地随温度而变化；②容易检测，较强的信号输出；③较宽的范围；④复现性好。基本符合要求的有：液体、固体的体积；气体、液体的压力；热电偶的热电势；金属、半金属的电阻，物体的热辐射。

按温度计的感温部分是否与被测物体相接触，可分为接触式和非接触式两种。接触式温度计测温依据热力学第一定律，即当两个或两个以上不同温度的物体（热力学系统）相互接触，进行能量的交换，经过一段时间后热交换达到平衡。非接触式温度计是根据物体在不同温度时会辐射出不同频率的辐射能光谱，对其波长、亮度等参数进行检测，进而可确定物体的温度。

（1）膨胀式和压力式温度计。膨胀式温度计是利用液体、固体热胀冷缩的性质，即测温敏感元件在受热后尺寸或体积会发生变化，根据尺寸或体积的变化值得到温度的变化值。压力式温度计是利用封闭在一定容积中的气体、液体或某些液体的饱和蒸气，受热时其体积或压力会发生变化，根据其变化值得到温度的变化值。

压力式温度计主要由温包、毛细管和压力敏感元件（如弹簧管、膜盒、波纹管等）组成。以上三个元件构成了一个封闭的空间，其中充满了工作物质。温包直接与被测物体接触，把温度变化充分地传递给内部的工作物质。所以其材料要具有防腐蚀能力，并有良好的热导率。为了提高灵敏度，温包本身的受热膨胀应远远小于其内部工作物质的膨胀，故材料的膨胀系数要小。此外还应有足够的机械强度，以便在较薄的容器壁上承受较大的内外压力差。通常用不锈钢或黄铜制造温包，但黄铜只能用在非腐蚀性介质里。当温包受热后，将使内部工作物质温度升高而压力增大，此压力经毛细管传到弹簧管内，使弹簧管产生变形，并由传动系统带动指针，指示相应的温度值。

（2）热电偶。热电偶是目前世界上科研和生产中应用最普遍、最广泛的温度测量元件。它具有结构简单、制作方便、测量范围宽、准确度高、热惯性小等各种优点。它既可以用于流体温度测量，也可以用于固体温度测量，既可以检测静态温度，也可以检测动态温度，而且直接输出电流电压信号，便于测量、信号传输、自动记录和控制等。热电偶用于测量 100 ～ 1600℃范围内的温度，用特殊材料制成的热电偶还可测更高或更低的温度。

根据热电偶的测温原则，从理论上讲任何两种导体均可配成热电偶，但实际应用的热电偶，对热电极材料有一定的要求：在使用温度范围内，物理、化学性能稳定；热电势要足够大，并且与温度关系最好呈线性或近线性；热电性能稳定，易于复现，同类热电偶互换性好；电导率高，比热容与电阻温度系数要小；具有一定的机械强度；加工方便，价格便宜。

温度检测时一般用标准化热电偶，标准化热电偶是指生产工艺成熟、成批生产、性能优越并已列入工业标准文件中的热电偶。这类热电偶发展早、性能稳定、应用广泛，具有统一的分度表，可以互换，并有与其配套的显示仪表可供使用，十分方便。

（3）热电阻。热电阻是利用导体或半导体的电阻随温度变化的特性而制成的温度传感器。金属的电阻一般随温度而变化，这种变化通常用“温度系数”来描述。电阻与温度的函数关系一旦确定之后，就可通过测量置于测温对象之中并与测温对象达到热平衡的热电阻的阻值求得被测温度。当被测温度变化时感温元件的电阻值随之变化，并将变化的电阻值转为电信号输送给显示仪表，在显示仪表中显示出温度的变化值，这就是电阻温度计的测温原理。热电阻可分为金属导体和半导体两大类。金属热电阻有铂、铜、镍和铂钴合金等，目前大量使用的有铂、铜和镍三种。

除以上几种测温方法外，各种现代化的测温方法很多，如红外测温、光学测温、石英晶体测温、光纤测温等。

2. 压力检测

工程上把垂直均匀作用在单位面积上的力称为压力，即物理学中定义的压强，它是一个很重要的物理量；而差压是指两个测量压力间的差值，即压力差，工程上习惯叫作差压。压力测量在汽车、航空航天、舰船、石油、化工等领域有着广泛的应用。压力传感器是一种将压力转换成电流或电压的器件，用于测量压力、位移等物理量。压力传感器有应变式、电容式、差动变压器式、霍尔式、压电式等多种，其中半导体应变片传感器因体积小、重量轻、成本低、性能好、易集成等优点得到快速发展。

压力测量有很多方法，有利用液柱高度差的重量与被测压力平衡的液柱测压法，有根据弹性元件受力变形的弹性元件测压法，也有将被测压力转换成各种电量的电测法等。

按敏感元件和转换原理的特性不同分类：

（1）液柱式压力计。根据液体静力学原理，把被测压力转换为液柱的高度来实现测量，如U形管压力计、单管压力计和斜管压力计等。

（2）弹性式压力计。根据弹性元件受力变形的原理，把被测压力转换为位移来实现测量，如弹簧管压力计、膜片压力计和波纹管压力计等。

（3）负荷式压力计。基于静力平衡原理测量，如活塞式压力计、浮球式压力计等。

（4）电气式压力仪表。利用敏感元件将被测压力转换为各种电量，根据电量的大小间接进行检测。电气式压力仪表有电阻、电感、感应式压力计等。

电阻、电感、感应式压力计是把弹性元件的变形转换成相应的电阻、电感、感应电势的变化，再通过对电阻、电感、电势的测量来测量压力；霍尔式压力计是弹性元件的变形经霍尔元件的变换，变成霍尔电势输出，再根据电势大小测量压力；应变式压力计是应用应变片（丝）直接测量弹性元件的应变来测量压力；电容式压力计是把弹性膜片作为测量电容的一个极，当压力变化时使电容量发生变化，根据电容量变化测量压力；振弦式压力计是用测量弹性元件位移的方法，通过测量一端固定在膜片（弹性元件）中心的钢弦频率，从而测量出压力；压电式压力计是利用压电晶体的压电效应测量压力。

按测量压力的种类分类，压力测量仪表可分为压力表、真空表、绝对压力表和差压压力表。

3. 液位检测

在工业生产过程中，各种容器内物料的体积、高度是工艺操作的重要参数。通过检测物位，不仅可以确定容器内物料的数量，而且可以掌握各种液位、料位及不同密度液体的接口或液 - 固相之间的分接口等是否在规定的范围等，这是保证安全运行的重要条件。目前应用最多的物位检测仪表有浮力式、静压式和电磁式等几种，此外还有根据声学、光学、微波辐射和核辐射原理制成的各种物位仪表。

（1）玻璃液位计。玻璃液位计是根据连通器原理制成的直读式液位计，有玻璃管式和玻璃板式两种。工业上应用的玻璃管式液位计长度为 300 ～ 1000mm，工作压力不大于 1.6MPa；玻璃板式液位计长度为 500 ～ 1700mm，最大工作压力为 5.0MPa，耐热温度为 400℃。玻璃板式液位计可直接观察罐内液面的高度。它是将特制耐压的厚玻璃板镶嵌于压盖与承座之间，上下用阀门与储罐相连通，液位计上指示的液面高度即为储罐内液面的高度；在连接阀门内设有球形的止逆阀，当玻璃突然破裂时，内部的压力将使圆球堵住通道，使液体不致泄出。液化石油气储罐液位计在 85% 及 15% 的位置上应画有红线，以明显标出储罐允许充装的液位上限和下限，当液位高于上限或低于下限时，报警装置能自动报警。玻璃板式液位计的优点是可直接观察储罐内液面的高度，结构简单，制造方便。

（2）差压式液位计。差压式液位计是通过把液位高度变化转换成差压变化来测量液位的，因此其测量仪表就是差压计。在锅炉应用方面，差压式液位计准确测量汽包水位的关键是水位与差压之间的准确转换，这种转换是通过平衡容器实现的。正压头从宽容器（又称正压室）中引出，负压头从置于宽容器中的汽包水侧连通管中取得。宽容器中的水面高度是一定的。当水面要增高时，水便通过汽包侧连通管溢流入汽包；要降低时，由蒸汽冷凝水来补充。因此当宽容器中水的密度一定时，正压头为定值。负压管与汽包是连通的，因此，负压管中输出压头的变化反映了汽包水位变化。

（3）电接点液位计。近年来，电接点液位计得到了广泛的应用，和差压式液位计相比，它的指示值受汽包压力变化的影响较小，并能方便地远传压力信号，缺点是指示不连续。电接点液位计是利用汽包内汽、水介质的电阻率相差极大的性质来测量汽包水位的。在 360℃以下，纯水的电阻率小于 $10^6\Omega\cdot cm$，蒸汽的电阻率大于 $10^8\Omega\cdot cm$。由于炉水含盐，电阻率较纯水低，因此炉水与蒸汽的电阻率相差就更大了。电接点液位计可应用于 22MPa 压力（饱和温度 373.7℃）以下的汽包锅炉汽包。其结构原理是，在与汽包形成连通管的水位测量筒圆周上以 120° 的夹角分三排，沿高度交错排列与筒壁绝缘的电极，筒壁为公共电极。当汽包水位到达某一电极处，接通它与公共电极之间形成的电控点，供远距离显示水位、报警，甚至为调节系统提供水位信号之用。由于测量筒水侧部分的散热比云母液位计少，因此电接点液位计的指示较接近于汽包重量水位。

除以上方法外，液位检测还有热电法、热磁感应法、超声波法、微波法、磁电法和光学法等。

四、无损检测

无损检测（探伤）是在不损伤被检查物体（构件）的前提下探测其内部或外部缺陷，常用无损检测技术有以下几种。

1. 超声波检测技术

其主要检测原理是：在弹性介质中波源激发的纵波频率小于 20Hz 为次声

波，20 ～ 20000Hz 为声波，大于 20000Hz 为超声波。由于超声波可以穿透大多数材料，可以用来探测材料内部及表面的缺陷，也可用于测量厚度等。

电源振荡激发高频声波，入射到构件后遇到缺陷超声波被反射、散射和衰减，由探头接收转换为电信号，再经放大显示，根据波形来判断缺陷的位置、大小和性质，并由相应的判定标准、规范来决定缺陷的危害程度。

（1）超声波探伤技术。超声波分为纵波、横波、表面波和板波。超声波探伤中广泛应用的是纵波，因为纵波的产生和接收比较容易。横波多用于焊缝的探伤。表面波沿着金属表面进行传播，对表面缺陷非常敏感，用以探测复杂形状的表面缺陷。板波可对薄板进行检测。

超声波探伤系统由超声波探伤仪和探头组成，一般使用耦合剂，和探头接触的金属表面要进行打磨，形成光滑清洁的表面。

应用最广泛的方法是脉冲反射法。超声波发射进入被测金属，然后接收从缺陷反射回来的回波，用以判断缺陷。超声波探伤又分为垂直探伤法、斜角探伤法。垂直探伤法主要用于铸件、锻件、板材和复合材料的检测；斜角探伤法主要用于探测焊缝、管件等内部缺陷。

超声波探伤技术应用非常广泛，用以探测构件中的不连续性的缺陷，提供不连续性三维位置的信息，给出可用来评估缺陷的数据。例如检测焊缝的缺陷，传动轴、高强螺栓及材料夹层的缺陷等。

其主要特点是：①材料种类和厚度范围广泛；②可提供缺陷的尺寸、深度、位置和性质，判断准确；③对人身、材料无损害；④便于携带，检测成本低，操作灵活、及时；⑤要求操作人员知识水平和专业技能高。

（2）超声波测厚技术。利用超声波来检测材料的厚度，检查速度快。采用数字式超声波测厚仪可直接显示厚度。高温下应使用高温压电测厚仪，并使用高温耦合剂，使用高温测厚仪应在标明的使用温度范围内使用。该技术不适于不锈钢铸件等晶粒粗大材料的测量。

2. 射线检测技术

射线检测技术用以检测材料的内部缺陷。常用的射线有两种类型，即 γ 射线和 X 射线：X 射线——高速电子流射到某些固体表面（靶子）上时，产生特殊的射线（电磁波频率 30×10^{15}Hz ～ 300×10^{18}Hz，波长 0.01 ～ 10nm）；γ 射线——放射性同位素（如 ^{60}Co）可发射出波长很短的电磁波，即 γ 射线，速度达到光速。射线具有极强的穿透能力，从材料的一个侧面照射，射线穿透材料，使另一面的胶片感光，显示出检测到的缺陷。还可转换成可见光，用电视摄像来显示探测到的缺陷。X 射线计算机断层分析可确定缺陷的位置和空间尺寸。射线检测主要用于检查铸件的缩孔、气孔、非金属夹渣等，焊缝的不连续性缺陷等。

3. 渗透检测技术

渗透检测技术是将渗透剂涂于清洁的被检查的部件表面，如果表面有开放性缺陷时，渗透剂则渗透到缺陷中去，去除表面多余的渗透剂，再涂以显影剂，缺陷就显现出痕迹，采用自然光或紫外线光观察，判断缺陷的种类和大小。

4. 磁粉检测技术

磁粉探伤技术的基本原理是将铁磁性材料（铁、钴、镍）置于强磁场当中，使其磁化，如果其表面或近表面存在缺陷，就会有部分磁力线外溢形成漏磁场，对施加在其表面的磁粉产生吸附作用，磁粉缺陷部位显示出缺陷的痕迹，反映出缺陷的取向、位置和大小。

5. 涡流检测技术

涡流检测的基本原理是利用电磁感应来检测导电材料的缺陷。涡流检测探头或线圈使用交流电，其交变磁场诱发被测试的部件产生涡流电流，部件的缺陷引起涡流电流强度和分布状况的变化，并显示在阴极射线管或仪器上，根据测试涡流电流的变化来判定缺陷。涡流探伤技术主要用于导电体（钢铁、有色金属、石墨）的表面及近表面缺陷的探伤，检查腐蚀、变形、厚度、材料分层等，可提供缺陷的深度尺寸；检查电站、原子能工业、化学工业、化肥工业等使用的锅炉、冷凝器、炉管、管道等设备的缺陷，如裂纹、腐蚀、变形等。采用涡流检测技术，检测速度快，准确性高，可进行定量检查，其厚度误差为 ±0.05mm，还可以实现自动检测和记录，实现自动化和计算机的数据处理。但是，难以用于形状复杂的构件。

五、安全监测监控系统

为实现对一些安全参数的不间断实时监测和综合监测，把所有参数监测的传感器通过网络连接起来，通过计算机集中控制，构成安全监测监控系统。安全监测监控系统不但可以监测这些参数，而且还具有报警、断电、启动安全措施等远程控制功能。常见的安全监测监控系统有煤矿安全监控系统、火灾自动报警系统等。

1. 煤矿安全监控系统

煤矿开采过程中，煤层中赋存的瓦斯会不断向采掘空间释放，为保证采掘空间的瓦斯浓度不超限，就需要检测采掘环境中的瓦斯浓度，除前面介绍的人工仪器检测外，煤矿还装备有安全监控系统。煤矿安全监控系统是由主机、传输接口、分站、各类传感器、电源、执行器及相关软件等组成的有机整体，对井下甲烷浓度、风速、风压、一氧化碳浓度、温度等环境参数进行监测，对机电设备工作状态等进行监控，从而有效降低或避免灾害事故的发生。

国外煤矿安全监控技术自20世纪60年代开始发展，根据信息传输的技术特征，其发展过程可划分为四个阶段：第一阶段，采用空分制来传输信息，如法国20世纪60年代的CTT63/64煤矿监测系统、波兰20世纪70年代初的CMC-1型矿井安全监测系统等；第二阶段，采用（信道）频分制来传输信息，大大减少了传输电缆芯数，如20世纪70年代中期的联邦德国西门子公司TST系统和FH公司TF200系统等；第三阶段，以时分制为基础的煤矿监控系统，如1976年英国煤矿研究所的MINOS煤矿监控系统，应用于胶带输送、井下环境监测、供电供水和洗煤厂监控等方面；第四阶段，20世纪80年代以后，随着计算机技术、大规模集成电路技术、数据通信技术等现代高技术的迅速发展，形成了以分布式微处理机为基础，以开放性、集成性和网络化为特征的煤矿监控，如美国MSA公司的DAN6400等。

我国煤矿安全监控技术及系统发展较晚。20世纪80年代初，煤炭部从波兰、美国、联邦德国、英国和加拿大等引进了一批安全监测监控系统，如CMC-1、DAN6400、TF200、MINOS和Senturion-200等，用于阳泉、淮南、潞安等煤矿，促进了国内安全监控技术与装备的发展。20世纪80年代中期以后，在引进、消化、吸收的同时，结合我国煤矿的实际情况，先后研发了 KJ1、KJ2、KJ4 等煤矿安全监测监控系统，并通过了煤炭部组织的鉴定。这一时期的系统多采用分布式结构、时分制频带或基带传输方式。

20 世纪 90 年代以后，我国先后研发出一批具有国际先进水平的监控系统，如 KJ95、KJ90、KJ101、KJF2000 等，采用 Windows 等操作系统，具备智能化水平高、响应速度快、瓦斯风电闭锁、区域联网等显著特点，部分监控系统开始采用光纤传输。

2001 年，《煤矿安全规程》规定，高瓦斯和煤与瓦斯突出矿井必须装备煤矿安全监控系统。2006 年，国家发布实施了《煤矿安全监控系统通用技术要求》（AQ 6201），对安全监控系统功能、技术指标等技术要求进行全面规范，有力地规范和促进了安全监控系统的发展，并实现了设计制造的全面国产化。同年，国务院安委会办公室发布了《关于加强煤矿安全监控系统装备联网和维护使用工作的指导意见》（安委办〔2006〕21 号），规定所有煤矿必须装备安全监控系统。2007 年，国家发布实施了《煤矿安全监控系统及检测仪器使用管理规范》（AQ 1029）。

2. 火灾自动报警系统

火灾自动报警系统一般设置在工业与民用建筑内部和其他可对生命和财产造成危害的火灾危险场所，与自动灭火系统、防排烟系统以及防火分隔设施等其他消防设施一起构成完整的建筑消防系统。火灾自动报警系统由火灾探测报警系统、消防联动控制系统、可燃气体探测报警系统及电气火灾监控系统组成。

（1）火灾探测报警系统。火灾探测报警系统能及时、准确地探测被保护对象的初起火灾，并做出报警响应，从而使建筑物中的人员有足够的时间在火灾尚未发展蔓延到危害生命安全的程度时疏散至安全地带，是保障人员生命安全的最基本的建筑消防系统。

① 触发器件。在火灾自动报警系统中自动或手动产生火灾报警信号的器件称为触发器件，主要包括火灾探测器和手动火灾报警按钮。火灾探测器是能对火灾参数（如烟、温度、气体浓度等）响应并自动产生火灾报警信号的器件。手动火灾报警按钮是手动方式产生火灾报警信号、启动火灾自动报警系统

的器件。

② 火灾警报装置。在火灾自动报警系统中用以发出区别于环境声、光的火灾警报信号的装置称为火灾警报装置。它以声、光和音响等方式向报警区域发出火灾警报信号，以警示人们迅速采取安全疏散以及灭火救灾措施。

③ 电源。火灾自动报警系统属于消防用电设备，其主电源应当采用消防电源，备用电源可采用蓄电池。系统电源除为火灾报警控制器供电外，还为与系统相关的消防控制设备等供电。

火灾发生时安装在保护区域现场的火灾探测器将火灾产生的烟雾、热量和光辐射等火灾特征参数转变为电信号，经数据处理后，将火灾特征参数信息传输至火灾报警控制器；或直接由火灾探测器做出火灾报警判断，将报警信息传输到火灾报警控制器。

火灾报警控制器在接收到探测器的火灾特征参数信息或报警信息后，经报警确认判断，显示报警探测器的部位，记录探测器火灾报警的时间。

处于火灾现场的人员在发现火灾后可立即触动安装在现场的手动火灾报警按钮，手动火灾报警按钮便将报警信息传输到火灾报警控制器，火灾报警控制器在接收到手动火灾报警按钮的报警信息后，经报警确认判断显示动作的手动火灾报警按钮的部位，记录手动火灾报警按钮报警的时间。

火灾报警控制器在确认火灾探测器和手动火灾报警按钮的报警信息后，驱动安装在被保护区域现场的火灾警报装置，发出火灾警报，向处于被保护区域内的人员警示火灾的发生。

（2）消防联动控制系统。消防联动控制系统由消防联动控制器、消防控制室图形显示装置、消防电气控制装置（防火卷帘控制器、气体灭火控制器等）、消防电动装置、消防联动模块、消火栓按钮、消防应急广播设备、消防电话等设备和组件组成。

在火灾发生时消防联动控制器按设定的控制逻辑准确发出联动控制信号给消防泵、喷淋泵、防火门、防火阀、防排烟阀和通风等消防设备，完成对灭火系统、疏散指示系统、防排烟系统及防火卷帘等其他消防有关设备的控制功能。

当消防设备动作后将动作信号反馈给消防控制室并显示，实现对建筑消防设施的状态监视功能，即接收来自消防联动现场设备以及火灾自动报警系统以外的其他系统的火灾信息或其他信息的触发和输入功能。

① 消防联动控制器。消防联动控制器是消防联动控制系统的核心组件。它通过接收火灾报警控制器发出的火灾报警信息，按预设逻辑对建筑中设置的自动消防系统（设施）进行联动控制。消防联动控制器可直接发出控制信号，通过驱动装置控制现场的受控设备；对于控制逻辑复杂且在消防联动控制器上不便实现直接控制的情况，可通过消防电气控制装置（如防火卷帘控制器、气体灭火控制器等）间接控制受控设备，同时接收自动消防系统（设施）动作的反馈信号。

② 消防控制室图形显示装置。消防控制室图形显示装置用于接收并显示保护区域内的火灾探测报警及联动控制系统、消火栓系统、自动灭火系统、防排烟系统、防火门及卷帘系统、电梯、消防电源、消防应急照明和疏散指示系统、消防通信等各类消防系统及系统中的各类消防设备（设施）运行的动态信息和消防管理信息，同时还具有信息传输和记录功能。

③ 消防电气控制装置。消防电气控制装置的功能是用于控制各类消防电气设备，它一般通过手动或自动的工作方式来控制各类消防泵、防排烟风机、电动防火门、电动防火窗、防火卷帘、电动阀等各类电动消防设施的控制装置及双电源互换装置，并将相应设备的工作状态反馈给消防联动控制器进行显示。

④ 消防电动装置。消防电动装置的功能是电动消防设施的电气驱动或释放，它是包括电动防火门窗、电动防火阀、电动防排烟阀、气体驱动器等电动消防设施的电气驱动或释放装置。

⑤ 消防联动模块。消防联动模块是用于消防联动控制器和其所连接的受控设备或部件之间信号传输的设备，包括输入模块、输出模块和输入输出模块。输入模块的功能是接收受控设备或部件的信号反馈并将信号输入到消防联动控制器中进行显示，输出模块的功能是接收消防联动控制器的输出信号并发送到受控设备或部件，输入输出模块则同时具备输入模块和输出模块的功能。

⑥ 消火栓按钮。消火栓按钮是手动启动消火栓系统的控制按钮。

⑦ 消防应急广播设备。消防应急广播设备由控制和指示装置、声频功率放

大器、传声器、扬声器、广播分配装置、电源装置等部分组成，是在火灾或意外事故发生时通过控制功率放大器和扬声器进行应急广播的设备，它的主要功能是向现场人员通报火灾发生，指挥并引导现场人员疏散。

火灾发生时火灾探测器和手动火灾报警按钮的报警信号等联动触发信号传输至消防联动控制器，消防联动控制器按照预设的逻辑关系对接收到的触发信号进行识别判断，在满足逻辑关系条件时，消防联动控制器按照预设的控制时序启动相应自动消防系统（设施），实现预设的消防功能；消防控制室的消防管理人员也可以通过操作消防联动控制器的手动控制盘直接启动相应的消防系统（设施），从而实现相应消防系统（设施）预设的消防功能。消防联动控制器接收并显示消防系统（设施）动作的反馈信息。

（3）分类与适用范围。火灾自动报警系统分为区域报警系统、集中报警系统和控制中心报警系统。

① 区域报警系统。区域报警系统适用于仅需要报警，不需要联动自动消防设备的保护对象。

② 集中报警系统。集中报警系统适用于具有联动要求的保护对象。

③ 控制中心报警系统。控制中心报警系统一般适用于建筑群或体量很大的保护对象，这些保护对象中可能设置几个消防控制室，也可能由于分期建设而采用了不同企业的产品，或同一企业不同系列的产品，或由于系统容量限制而设置了多个起集中作用的火灾报警控制器等情况，这些情况下均应选择控制中心报警系统。

第三节　安全技术措施编制

安全技术措施是要求设计单位、生产单位、经营单位在建设项目设计、生产经营、管理中采取的消除或减弱危险有害因素的技术措施和管理措施，是预防事故和保障整个生产、经营过程安全的对策措施。编制安全技术措施是安全工程技术人员的基本技能，也是日常主要工作内容。

一、安全技术措施编制的要求与原则

1. 安全技术措施的基本要求

在考虑和制定安全技术措施时，应满足以下基本要求。

① 能消除或减弱生产过程中产生的危险、危害；

② 处置危险和有害物，并降低到国家规定的限值内；

③ 预防生产装置失灵和操作失误产生的危险、危害；

④ 能有效地预防重大事故和职业危害的发生；

⑤ 发生意外事故时，能为遇险人员提供自救和互救条件。

2. 制定安全技术措施应遵循的原则

在制定安全技术措施时，应遵守如下原则。

（1）安全技术措施等级顺序。当安全技术措施与经济效益发生矛盾时，应优先考虑安全技术措施的要求，并应按下列安全技术措施等级顺序选择安全技术措施。

① 直接安全技术措施。生产设备本身应具有本质安全性能，不出现任何事故和危害。

② 间接安全技术措施。若不能或不完全能实现直接安全技术措施时，必须为生产设备设计出一种或多种安全防护装置（不得留给用户去承担），最大限度地预防、控制事故或危害的发生。

③ 指示性安全技术措施。间接安全技术措施也无法实现或实施时，须采用检测报警装置、警示标志等措施警告、提醒作业人员注意，以便采取相应的对策措施或紧急撤离危险场所。

④ 若间接、指示性安全技术措施仍然不能避免事故、危害发生，则应采用安全操作规程、安全教育、安全培训和个体防护用品等措施来预防、减弱系统的危险、危害程度。

（2）根据安全技术措施等级顺序的要求应遵循的具体原则。

① 消除。通过合理的设计和科学的管理，尽可能从根本上消除危险有害因素，如采用无害化工艺技术，生产中以无害物质代替有害物质，实现自动化、遥控作业等。

② 预防。当消除危险有害因素有困难时，可采取预防性技术措施，预防危险、危害的发生，如使用安全阀、安全屏护、漏电保护装置、安全电压、熔断器、防爆膜、事故排放装置等。

③ 减弱。在无法消除危险有害因素和难以预防的情况下，可采取降低危险、危害的措施，如加设局部通风排毒装置，生产中以低毒性物质代替高毒性物质，采取降温措施，设置避雷、消除静电、减振、消声等装置。

④ 隔离。在无法消除、预防、减弱的情况下，应将人员与危险有害因素隔开和将不能共存的物质分开，如遥控作业，设安全罩、防护屏、隔离操作室、安全距离、事故发生时的自救装置（如防护服、各类防毒面具）等。

⑤ 联锁。当操作者失误或设备运行一旦达到危险状态时，应通过联锁装置终止危险、危害的发生。

⑥ 警告。在易发生故障和危险性较大的地方，应设置醒目的安全色、安全标志，必要时设置声、光或声光组合报警装置。

（3）安全技术措施应具有针对性、可操作性和经济合理性。

① 针对性是指针对不同行业的特点和通过评价得出主要危险有害因素及其后果，提出对策措施。由于危险有害因素及其后果具有隐蔽性、随机性、交叉影响性，不仅要针对某项危险有害因素孤立地采取措施，而且为使系统达到安全的目的，应采取优化组合的综合措施。

② 提出的对策措施是设计单位、建设单位、生产经营单位进行设计、生产、管理的重要依据，因而对策措施应在经济、技术、时间上是可行的，能够落实和实施的。此外，应尽可能具体指明对策措施所依据的法规、标准，说明应采取的具体对策措施，以便于应用和操作。

③ 经济合理性是指不应超越国家及建设项目、生产经营单位的经济、技术水平，按过高的安全要求提出对策措施，即在采用先进技术的基础上，考虑到进一步发展的需要，以安全法规、标准和规范为依据，结合防治对象的经济、技术状况，使安全技术装备水平与工艺装备水平相适应，达到经济、技术、安全的合理统一。

（4）安全技术措施应符合国家有关法规、标准及设计规范的规定。在安全管理中，应严格按有关设计规定的要求提出安全技术措施。

3. 安全技术措施的内容

安全技术措施的内容主要包括：厂址及厂区平面布局措施、防火防爆措施、电气安全措施、机械伤害安全措施、特种设备安全措施、其他安全措施（包括高处坠落、物体打击、安全色、安全标志等方面）、有害因素控制措施（包括尘、毒、窒息、噪声和振动等有害因素的控制措施）等。

二、厂址及厂区平面布局措施

1. 项目选址

选址时，除考虑建设项目经济性和技术合理性并满足工业布局和城市规划要求外，在安全方面应重点考虑地质、地形、水文、气象等自然条件对企业安全生产的影响和企业与周边区域的相互影响。

（1）自然条件的影响。

① 不得在各类（风景、自然、历史文物古迹、水源等）保护区、有开采价值的矿藏区、各种直接危害（滑坡、泥石流、溶洞、流沙等）地段、高放射本底区、采矿陷落（错动）区、淹没区、地震断层区、地震烈度高于九度地震区、Ⅳ级湿陷性黄土区、Ⅲ级膨胀土区、地方病高发区和化学废物层上面建设。

② 依据地震、台风、洪水、雷击、地形和地质构造等自然条件资料，结合建设项目生产过程及特点，采取易地建设或采取有针对性的、可靠的对策措施。如设置可靠的防洪排涝设施，按地震烈度要求设防，工程地质和水文地质不能完全满足工程建设需要时的补救措施，产生有毒气体的工厂不宜设在盆地窝风处等。

③ 产生和使用危险、危害性大的工业产品、原料、气体、烟雾、粉尘、噪声、振动和电离、非电离辐射的建设项目，还必须符合国家有关法规、标准的要求。例如生产和使用氰化物的建设项目禁止建在水源的上游附近。

（2）与周边区域的相互影响。除环保、消防行政部门管理的范畴外，应考虑风向和建设项目与周边区域（特别是周边的生活区、旅游风景区、文物保护区、航空港，重要通信、输变电设施，开放型放射工作单位、核电厂、剧毒化学品生产厂等）在危险、危害性方面相互影响的程度，进行位置调整，按国家规定保持安全距离和卫生防护距离等。

例如，根据区域内各工厂和装置的火灾、爆炸危险性分类，考虑地形、风向等条件进行合理布置，以减少相互间的火灾爆炸威胁；易燃易爆的生产区沿江河岸边布置时，宜位于邻近江河的城镇、重要桥梁、大型锚地、船厂、港区、水源等重要建筑物或构筑物的下游，并采取防止可燃液体流入江河的有效措施；公路、地区架空电力线路或区域排洪沟严禁穿越厂区；与相邻的工厂或设施的防火间距应符合《建筑设计防火规范》（GB 50016）、《石油化工企业设计防火标准》（GB 50160）等有关标准的规定；危险、危害性大的企业应位于危险、危害性小的企业全年主导风向的下风侧或最小频率风向的上风侧；使用或生产有毒物质、散发有害物质的企业应位于城镇和居住区全年主导风向的下风侧或最小频率风向的上风侧；有可能对河流、地下水造成污染的生产装置及辅助生产设施应布置在城镇、居住区和水源地的下游及地势较低地段（在山区或丘陵地区应避免布置在不利于扩散地带）；产生高噪声的企业应远离噪声敏感区（居民、文教、医疗区等）并位于城镇居民集中区的夏季最小频率风向的上风侧，对噪声敏感的工业企业应位于周围主要噪声源的夏季最小频率风向的下风侧；建设项目不得建在开放型放射工作单位的防护检测区和核电厂周围的限制区内；按建设项目的生产规模、产生危险有害因素的种类和性质、地区平均风速等条件，与居住区的最小距离不应小于规定的卫生防护距离；与爆炸危险单位（含生产爆破器材的单位）应保持规定的安全距离等。

2. 厂区平面布置

在满足生产工艺、操作要求、使用功能需要和消防、环保要求的同时，主要从风向，安全（防火）距离，交通运输和各类作业、物料的危险及危害性出发，在平面布置方面采取对策措施。

（1）功能分区。将生产区、辅助生产区（含动力区、储运区等）、管理区和生活区按功能相对集中分别布置。布置时应考虑生产流程、生产特点和火灾爆炸危险性，结合地形、风向等条件，以减少危险有害因素的交叉影响。管理区、生活区一般应布置在全年或夏季主导风向的上风侧或全年最小频率风向的下风侧。

辅助生产设施的循环冷却水塔（池）不宜布置在变配电所、露天生产装置和铁路冬季主导风向的上风侧和怕受水雾影响设施全年主导风向的上风侧。

（2）厂内运输和装卸。厂内运输和装卸包括厂内铁路、道路、输送机通廊和码头等运输和装卸（含危险品的运输、装卸）。应根据工艺流程、货运量、货物性质和消防的需要，选用适当的运输和运输衔接方式，合理组织车流、物流、人流（保持运输畅通、物流顺畅且运距最短、经济合理，避免迂回和平面交叉运输、道路与铁路平交和人车混流等）。为保证运输、装卸作业安全，应从设计上对厂内道路（包括人行道）的布局、宽度、坡度、转弯（曲线）半径、净空高度、安全界线及安全视线、建筑物与道路间距和装卸（特别是危险品装卸）场所、堆场（仓库）布局等方面采取对策措施。

（3）危险设施 / 处理有害物质设施的布置。可能泄漏或散发易燃、易爆、腐蚀、有毒、有害介质（气体、液体、粉尘等）的生产、储存和装卸设施（包括锅炉房、污水处理设施等），有害废弃物堆场等的布置应遵循以下原则。

① 应远离管理区、生活区、中央实（化）验室、仪表修理间，尽可能露天、半封闭布置。

② 有毒、有害物质的有关设施应布置在地势平坦、自然通风良好地段，不得布置在窝风低洼地段。

③ 剧毒物品的有关设施应布置在远离人员集中场所的单独地段内，宜以围墙与其他设施隔开。

④ 腐蚀性物质的有关设施应按地下水位和流向，布置在其他建筑物、构筑物和设备的下游。

⑤ 易燃易爆区应与厂内外居住区、人员集中场所、主要人流出入口、铁路、道路干线和产生明火地点保持安全距离。

⑥ 辐射源（装置）应设在僻静的区域，与居住区、人员集中场所、人流密集区和交通主干道、主要人行道保持安全距离。

（4）建筑物自然通风及采光。为了满足采光、避免暴晒和自然通风的需要，建筑物的采光应符合《建筑采光设计标准》（GB 50033）、《工业企业设计卫生标准》（GBZ1）的要求。

（5）其他要求。依据《工业企业总平面设计规范》（GB 50187），《厂矿道路设计规范》(GBJ 22),行业规范(机械、化工、石化、冶金、核电厂等)和有关单体、单项(石油库、氧气站、压缩空气站、乙炔站、锅炉房、冷库、辐射源和管路布置等)规范的要求,应采取其他相应的平面布置对策措施。

三、防火防爆措施

引发火灾、爆炸事故的因素很多,一旦发生事故,后果极其严重。为了确保安全生产,首先必须做好预防工作,消除可能引起火灾、爆炸的危险因素。从理论上讲,使可燃物质不处于危险状态,或者消除一切引火源,就可以防止火灾和化学爆炸事故的发生。但在实践中,由于生产条件的限制或某些不可控因素的影响,往往需要采取多方面的措施,以提高生产过程的安全程度。还应考虑其他辅助措施,以便在万一发生火灾、爆炸事故时,减少危害的程度,将损失降到最低。

1. 防止可燃可爆系统的形成

化学性火灾和爆炸形成的基本条件是可燃物、助燃物和着火源的同时存在,所以防火防爆就是从防止这个基本条件开始。防止可燃物质、助燃物质(空气、强氧化剂)、引火源(明火、撞击、炽热物体、化学反应热等)同时存在;防止可燃物质、助燃物质混合形成的爆炸性混合物(在爆炸极限范围内)与引火源同时存在。

为防止可燃物与空气或其他氧化剂作用形成危险状态,在生产过程中,首先应加强对可燃物的管理和控制,利用不燃或难燃物料取代可燃物料,不使可燃物料泄漏和聚集形成爆炸性混合物;防止空气和其他氧化性物质进入设备内,或防止泄漏的可燃物料与空气混合。

(1)取代或控制用量。在工艺可行的条件下,生产过程中不用或少用可燃易爆物质。例如用不燃或不易燃烧爆炸的有机溶剂,如 CCl_4 或水,取代易燃的苯、汽油;根据工艺条件选择沸点较高的溶剂;烟花爆竹生产过程中应控制工房药量等。

(2)加强密闭。为防止易燃气体、蒸气和可燃性粉尘与空气形成爆炸性混合物,应设法使生产设备和容器尽可能密闭操作。对带压设备,应防止气体、液体或粉尘逸出与空气形成爆炸性混合物；对真空设备，应防止空气漏入设备内部达到爆炸极限。开口的容器、破损的铁桶、容积较大且没有保护措施的玻璃瓶，不允许储存易燃液体；不耐压的容器不能储存压缩气体和加压液体。

为保证设备的密闭性，对处理危险物料的设备及管路系统，应尽量少用法兰连接，但要保证安装检修方便；输送危险气体、液体的管道，应采用无缝管；盛装具有腐蚀性介质的容器，底部尽可能不装阀门，腐蚀性液体应从顶部抽吸排出。应慎重使用脆性材料。

如设备本身不能密封，可采用液封或负压操作，以防系统中有毒或可燃性气体逸入厂房。

加压或减压设备，在投产前和定期检修后应检查密闭性和耐压程度；所有压缩机、液泵、导管、阀门、法兰接头等容易漏油、漏气的部位，应经常检查；填料如有损坏，应立即更换，以防渗漏；设备在运行中也应经常检查气密情况，操作温度和压力必须严格控制，不允许超温、超压运行。

接触氧化剂如高锰酸钾、氯酸钾、硝酸铵、漂白粉等的传动装置的密闭性能必须良好。应定期清洗传动装置，及时更换润滑剂，以免传动部分摩擦发热而导致燃烧爆炸。

（3）通风排气。为保证易燃、易爆、有毒物质在生产环境中不超过危险浓度，必须采取有效的通风排气措施。

在有防火防爆要求的环境中，对通风排气的要求应从两方面考虑：当仅是易燃易爆物质，其在车间内的浓度一般应低于爆炸下限的1/4；对于具有毒性的易燃易爆物质，在有人操作的场所，还应考虑该毒物在车间内的最高容许浓度。

应合理选择通风方式，一般宜采取自然通风，当自然通风不能满足要求时应采取机械通风。

对有火灾、爆炸危险的厂房，通风气体不得循环使用；排风 / 送风设备应有独立分开的风机室，送风系统应送入较纯净的空气；排除、输送温度超过80℃的空气或其他气体以及有燃烧、爆炸危险的气体、粉尘的通风设备，应用非燃烧材料制成；空气中含有易燃易爆危险物质的场所，应使用防爆型通风机和调节设备。

排除有燃烧、爆炸危险的粉尘和容易起火的碎屑的排风系统，其除尘系统也应防爆。有爆炸危险粉尘的空气流体，应在其进入排风机前选用恰当的方法进行除尘净化；如粉尘与水会发生爆炸，则不应采用湿法除尘；排风管应直接通往室外安全处。

对局部通风，应注意气体或蒸气的密度，密度比空气大的气体，要防止其在低洼处积聚；密度比空气小的气体，要防止其在高处死角处积聚。有时即使是少量气体也会使厂房局部空间达到爆炸极限。

所有排气管（放气管）都应伸出屋外，高出附近屋顶；排气不应造成负压，也不应堵塞，如排出蒸气遇冷凝结，则放空管还应考虑有加热蒸汽保护措施。

（4）惰化。在可燃气体或蒸气与空气的混合气中充入惰性气体，可降低氧气、可燃物的百分比，从而消除爆炸危险和阻止火焰的传播。以下几种场合常使用惰性化措施：

① 易燃固体的粉碎、研磨、混合、筛分，以及粉状物料的气流输送；

② 可燃气体混合物的生产和处理过程；

③ 易燃液体的输送和装卸作业；

④ 开工、检修前的处理作业等。

2. 消除、控制引火源

为预防火灾及爆炸，对引火源进行控制是消除燃烧三要素同时存在的一个重要措施。火灾、爆炸事故的引火源主要有明火、高温表面、摩擦和撞击、绝热压缩、化学反应热、电气火花、静电火花、雷击和光热射线等。在有火灾、爆炸危险的生产场所，对这些引火源都应引起足够的注意，并采取严格的控制措施。

（1）明火和高温表面。对于易燃液体的加热应尽量避免采用明火。加热一般采用过热水或蒸汽；当采用矿物油、联苯醚等载热体时，加热温度必须低于载热体的安全使用温度，在使用时要保持良好的循环并留有载热体膨胀的余地，防止传热管路产生局部高温出现结焦现象；定期检查载热体的成分，及时处理或更换变质的载热体；当采用高温熔盐载热体时，应严格控制熔盐的配比，不得混入有机杂质，以防载热体在高温下爆炸。如果必须采用明火，设备应严格密封，燃烧室应与设备分开或隔离，并按防火规定留出防火间距。

在使用油浴加热时，应有防止油蒸气起火的措施。在有可燃气体、蒸气积聚的管沟、深坑、下水道及其附近，没有消除危险之前，不得进行明火作业。

在火灾、爆炸危险场所进行明火作业时，应按动火制度进行。汽车、拖拉机、柴油机等在未采取防火措施时不得进入危险场所。烟囱应有足够的高度，必要时装火星熄灭器，在一定范围内不得堆放易燃易爆物品。

高温物料的输送管线不应与可燃物、可燃建筑构件等接触；应防止可燃物散落在高温物体表面上；可燃物的排放口应远离高温物体表面，如果接近，则应有隔热措施。

设立固定动火区应符合下述要求：固定动火区距易燃易爆设备、储罐、仓库、堆场等的距离，应符合有关防火标准的要求；区内可能出现的可燃气体，应在允许含量以下；生产装置放空时，可燃气体应不致扩散到动火区；室内动火区，应与防爆生产现场隔开，不准有门窗串通，允许开的门窗应向外开启，道路应畅通；周围10m以内不得存放易燃易爆物；区内备有足够的灭火器具。

维修作业在禁火区动火，有关动火审批、动火分析等必须按有关规范规定严格执行，采取预防措施，并加强监督检查，以确保安全作业。

对危险化学品的设备、管道，维修动火前必须进行清洗、扫线、置换。此外，对附近的地面、阴沟也要用水冲洗。

明火与有火灾、爆炸危险的厂房和仓库等相邻时，应保证足够的安全间距。

（2）摩擦与撞击。摩擦与撞击往往成为引起火灾、爆炸事故的原因。如机器上轴承等摩擦发热起火；金属零件、铁钉等落入粉碎机、反应器、提升机等设备内，由于铁器和机件的撞击起火；磨床砂轮等摩擦及铁质工具相互撞击或与混凝土地面撞击发生火花；导管或容器破裂，内部溶液和气体喷出时摩擦起火；在某种条件下乙炔与铜制件生成乙炔铜，一经摩擦和冲击即能起火起爆；烟花爆竹的生产、装卸过程中发生爆炸等。因此，在有火灾、爆炸危险的场所，应采取防止火花生成的措施。

（3）电气火花。一般的电气设备很难完全避免电火花的产生，因此在火灾、爆炸危险场所必须根据物质的危险特性正确选用不同的防爆电气设备。

必须设置可靠的避雷设施；有静电积聚危险的生产装置和装卸作业应有控制流速、导除静电、静电消除器、添加防静电剂等有效的消除静电措施。

根据整体防爆的要求，按危险区域等级和爆炸性混合物的类别、级别、组别配备相应符合国家标准规定防爆等级的电气设备，并按国家规定的要求施工、安装、维护和检修。

3. 监测监控，及时处理

对可燃气体、蒸气的泄漏，应做到早发现、早排除、早控制，防止事故发生和蔓延扩大。

在可燃气体、蒸气可能泄漏的区域设置检测报警仪，这是监测空气中易燃易爆物质含量的重要措施。当可燃气体或液体万一发生泄漏而操作人员尚未发现时，检测报警仪可在设定的安全浓度范围内发出警报，便于及时处理泄漏点，从而避免发生重大事故。

四、电气安全技术措施

电气安全以防触电、防电气火灾爆炸、防静电和防雷击为重点，主要的安全技术措施也以防止上述事故为主。

1. 防触电

为防止人体直接、间接和跨步电压触电（电击、电伤），应采取以下措施。

（1）接零、接地保护系统。按电源系统中性点是否接地，分别采用保护接零（TN-S，TN-C-S，TN-C 系统）或保护接地（TT，IT 系统）。在建设项目中，中性点接地的低压电网应优先采用 TN-S、TN-C-S 保护系统。

（2）剩余电流动作保护装置。剩余电流动作保护装置简称 RCD（residual current opera-ted protective device），按《剩余电流动作保护装置安装和运行》（GB/T 13955）的要求，间接接触电击事故防护主要采用自动切断电源的保护方式，以防止由于电气设备绝缘损坏发生接地故障时，电气设备的外露可接近导体持续带有危险电压而产生有害影响或电气设备损坏事故。当电路发生绝缘损坏造成接地故障，其接地故障电流值小于过电流保护装置的动作电流值时，应安装 RCD。

对 TN 系统的防护要求是：采用 RCD 的 TN-C 系统，应根据电击防护措施的具体情况，将电气设备外露可接近导体独立接地，形成局部 TT 系统；在 TN 系统中，应将 TN-C 系统改造为 TN-C-S、TN-S 系统或局部 TT 系统后，方可安装使用 RCD；在 TN-CS 系统中，RCD 只允许使用在 N 线与 PE 线分开部分。对 TT 系统的防护要求是：TT 系统的电气线路或电气设备应装设 RCD 作为防电气事故的保护措施。对 IT 系统的防护要求是：IT 系统的电气线路或电气设备可以针对外露的可接触不同电位的导电部分保护性安装 RCD。

（3）绝缘。绝缘是指利用绝缘材料把带电体封闭起来，长久以来，绝缘一直作为防止触电事故的重要措施，良好的绝缘也是保证电气系统正常运行的基本条件。

（4）电气隔离。电气隔离是将电源与用电回路作电气上的隔离，即将用电的分支电路与整个电气系统隔离，使之成为一个在电气上被隔离的、独立的不接地安全系统，以防止在裸露导体故障带电情况下发生间接触电危险。

电气隔离的回路必须符合以下条件。

① 电源变压器必须是隔离变压器。与安全隔离变压器一样，隔离变压器的输入绕组与输出绕组没有电气连接，并具有双重绝缘的结构。单相隔离变压器的额定容量不应超过 25kV · A，三相隔离变压器的额定容量不应超过 40kV · A。隔离变压器的空载输出电压交流不应超过 1000V。隔离变压器的其他要求与安全隔离变压器相同。

② 二次边保持独立。为保证安全，被隔离回路不得与其他回路及大地有任何连接。对于二次边回路线路较长者，应装设绝缘监视装置。

③ 二次边线路要求。二次边线路电压过高或二次边线路过长，都会降低这种措施的可靠性。按照规定，应保证电源电压 $U \leqslant 500\text{V}$ 时线路长度 $L \leqslant 200\text{m}$、电压与长度的乘积 $UL \leqslant 100000\text{V} \cdot \text{m}$。

④ 等电位连接。为了防止隔离回路中两台设备的不同相线漏电时的故障电压带来的危险，各台设备的金属外壳之间应采取等电位连接措施。

（5）安全电压。安全电压是在一定条件下、一定时间内不危及生命安全的电压。根据欧姆定律，可以把加在人身上的电压限制在某一范围之内，使得在这种电压下通过人体的电流不超过特定的允许范围。这一电压就叫作安全电压，也称为特低电压（ELV）。

安全电压是既能防止间接接触电击也能防止直接接触电击的安全技术措施，依靠安全电压供电的设备属于Ⅲ类设备。

中国标准规定，工频安全电压有效值的限值为 50V，直流安全电压的限值为 120V。

对于电动儿童玩具及类似电器，当接触时间超过 1s 时，推荐干燥环境中工频安全电压有效值的限值取 33V，直流安全电压的限值取 70V；潮湿环境中工频安全电压有效值的限值取 16V，直流安全电压的限值取 35V。

我国规定工频安全电压有效值的额定值有 42V、36V、24V、12V 和 6V。凡特别危险环境使用的手持电动工具应采用 42V 安全电压的Ⅲ类工具；凡有电击危险环境使用的手持照明灯和局部照明灯应采用 36V 或 24V 安全电压；金属容器内、隧道内、水井内以及周围有大面积接地导体等工作地点狭窄、行动不便的环境应采用 12V 安全电压；6V 安全电压用于特殊场所。当电气设备采用 24V 以上安全电压时，必须采取直接接触电击的防护措施。

（6）屏护和安全距离

① 屏护包括屏蔽和障碍。它是指能防止人体有意、无意触及或过度接近带电体的遮栏、护罩、护盖、箱匣等装置，将带电部位与外界隔离，防止人体误入带电间隔的简单、有效的安全装置，例如开关盒、母线护网、高压设备的围栏、变配电设备的遮栏等。

金属屏护装置必须接零或接地。屏护的高度、最小安全距离、网眼直径和栅栏间距，应满足《机械安全　防护装置　固定式和活动式防护装置的设计与制造一般要求》（GB/T 8196）的规定。

屏护上应根据屏护对象特征挂有警示标志，必要时，还应设置声、光报警信号和联锁保护装置；当人体越过屏护装置、可能接近带电体时，声、光报警且被屏护的带电体自动断电。

② 安全距离。安全距离是指有关规程明确规定的、必须保持的带电部位与地面、建筑物、人体、其他设备、其他带电体、管道之间的最小电气安全空间距离。安全距离的大小取决于电压的高低、设备的类型和安装方式等因素，设

计时必须严格遵守规定的安全距离；当无法达到时，还应采取其他安全技术措施。

（7）联锁保护。设置防止误操作、误入带电间隔等造成触电事故的安全联锁保护装置。例如，设置变电所的程序操作控制锁、双电源的自动切换联锁保护装置、打开高压危险设备的屏护时报警和带电装置自动断电保护装置、电焊机空载断电或降低空载电压装置等。

（8）其他对策措施。防止间接触电的电气间隔、等电位环境和不接地系统防止高压窜入低压的措施等。

2. 电气防火防爆

（1）电气火灾爆炸的原因。统计表明，在引起火灾爆炸事故的火源中，电气火灾占到总数的近三分之一。电气火源是电气设备和导体过热、电流引起的电火花和电弧。

① 电气设备和导体过热。引起电气设备和导体过度发热的不正常运行情况大体上有五种。

a. 短路。发生短路时，线路中电流增加为正常时的几倍甚至几十倍，而产生的热量又和电流的平方成正比，使温度急剧上升，大大超过允许范围。如果达到可燃物的自燃点，即引起燃烧，从而可导致火灾。

b. 过载。电流通过导线，其发热温度在不超过65℃时，导线上允许连续通过的电流称安全电流。超过安全载流量叫导线过负荷，即过载。

c. 接触不良。接触不良发生在电源线的连接处、电源与开关、保护装置和较大电气设备连接的地方等。由于接触不良，这个部位的局部电阻过大，叫接触电阻过大。接触部分是电路中的薄弱环节，是发生过热的一个重点部位。

d. 铁芯发热。变压器、电动机等设备的铁芯，如果铁芯绝缘损坏或长时间过电压，涡流损耗和磁滞损耗将增加过热。

e. 散热不良。各种电气设备在设计和安装时都考虑有一定的散热或通风措施。如果这些措施受到破坏，即造成设备过热。

② 电火花和电弧。电火花是电极间的击穿放电现象。一般电火花的温度都很高，特别是电弧，温度可达3000～6000℃。因此，电火花和电弧不但能引

起可燃物的燃烧，还能使金属熔化、飞溅，构成危险的火花源。在有爆炸危险的场所，电火花和电弧更是十分危险的因素。

（2）电气线路的防火防爆。电气线路是用来输送电能的，其特点是距离长、分支多，而且经常会接触可燃物质，是预防电气火灾中需要重点考虑的方面。按照所用材料的种类，导线可分为铜芯线和铝芯线两类。由于铝的来源广，价格便宜，在一般场合下尽量使用铝芯线。但在火灾爆炸危险较大的环境中、移动设备和控制设备中及重要建筑内，为了提高导线的载流能力并便于敷设，则多用铜芯线。

按照有无绝缘保护层，导线可分为裸导线和绝缘导线。裸导线外部没有任何保护层，主要供室外架空线使用。绝缘导线的外部有橡胶或塑料绝缘保护层，其型号很多。用橡胶绝缘的导线有 BX、BLX、BBX、BBLX 等型号，用塑料绝缘的导线有 BV、BLV、BVV、BLVV 等型号。

现结合电气线路，分析其短路、过载与接触不良的特点。

① 导线短路。电气线路大体可分为室外架空线路和室内布线两类，它们发生短路的特点有所不同。

a. 室外架空线路。室外架空线路通常使用裸导线。这种线路发生短路的原因主要有：导线安装高度低，在搬运较高大的物体时不慎碰到导线上；线路上的绝缘子或其支架发生破损造成 2 根或 2 根以上导线相碰；在强风吹拂下导线摆动造成两线相碰；线路附近的树枝摆动导致 2 根或 2 根以上导线相碰；其他事故引起的电杆倒塌等。对于室外架空线路，电杆的间距过大、导线间距过小或布线过松，都容易在外力作用下碰在一起造成短路。可根据导线的强度确定间距的大小和布线松紧。架空配电线路不得跨越易燃易爆物品仓库、有爆炸危险的场所、可燃液体储罐、可燃和氧化性气体储罐及易燃材料堆场等。当架空配电线路与这些有着火爆炸危险的设施接近时，必须保持不小于电杆高度 1.5 倍的间距，以防止发生倒杆断线事故时电线甩出或导线松弛风吹碰撞产生火花、电弧，以致引起爆炸或着火。同时，这样也可防止上述区域着火后烧断架空线路。

b. 室内布线。室内布线通常使用绝缘导线。这种导线发生短路的原因主要有：绝缘强度、绝缘性能不符合规定要求；在线路电压突然升高或雷击电压作用下将绝缘层击穿；高温、潮湿、腐蚀作用使绝缘性能降低；使用时间过长绝缘层老化、受损，以致线芯裸露等。此外，乱拉电线、接电操作不慎等也容易造成短路。对于室内布线，最重要的是保证导线具有符合电源电压要求的绝缘性。电源电压为380V的应采用额定电压为500V的绝缘导线，电源电压为220V的应采用额定电压为250V的绝缘导线。在特殊场所还应采用专用的特殊绝缘导线。

在供电系统的设计、运行中，应当设法消除可能引起短路的各种因素。同时，为了减轻短路的严重后果，防止故障扩大，就需计算短路电流，选择合理的保护装置。定期检查导线的绝缘性是保证火灾安全的重要措施。导线的绝缘强度通常使用兆欧表进行检测。

② 导线过负荷。

a. 导线的载流量。导线的安全载流量是根据电流通过导线时的温度升高至某一限度来决定的，如橡胶绝缘导线的最高温度为65℃，塑料绝缘导线的最高温度为70℃。当导线的负载电流和额定电流相等时，电流通过导线在单位时间内发出的热量恰好等于导线单位时间内向外传出去的热量，导线处在热平衡状态，如果电流继续增大，平衡就会破坏。温度过高，将会加速导线绝缘的老化。若电流再增大，温度的升高还会达到导线绝缘材料的着火点，进而发生燃烧。因此导线应当在低于安全载流量状态下工作。导线的安全载流量一般用试验方法来测定。

b. 过负荷的预防措施。导线过负荷主要是导线截面选用过小或负载过大造成的，解决过负荷主要应从搞好电路设计入手。要合理规划配电网络，合理调节负载分布，做出相关区域的负荷曲线。实际上无论哪种电气设备或任何用户，用电负荷都不是恒定的，这是因为电气设备的工作状态有轻有重，或时通时断，其负荷经常发生变化。

③ 接触电阻过大。电气线路是存在多处连接的，如果接头接触不良，将会造成电流通过的导线截面减小，使该处的局部电阻过大，于是接触处出现局部过热。导线与导线之间或导线与电气设备之间的连接不牢是另一种经常遇到的情况，在长期的热作用或振动作用下较松的连接点往往会越来越松。另外，不同金属（如铜和铝）接触时可发生电化学腐蚀，使连接处形成氧化层，相当于

使该处的电阻增大。

加强导线与导线或导线与电气设备的连接牢固程度是解决接触电阻过大的主要途径。对于闸刀类活动连接，所用的连接材料应具有很强的弹性以保证压紧；对于固定连接，要保证导线充分拧紧，大截面导线的连接可用焊接或压接，铜与铝导线相接时宜采用铜铝过渡接头。

及时发现连接处的过热现象也是避免事故的重要方面。在实际工作中可使用辐射测温仪、红外热成像仪等对重要的电气线路进行定期检测，对异常发热的部位尽早进行修理，消除危险隐患。

（3）常用电气设备的防火技术。电气设备的种类很多，常用设备可以归纳为照明设备、电动设备、电热设备、电气控制设备等。

① 照明设备。照明设备是一种将电能转化为光能的电气设备，常用的有白炽灯、日光灯、卤钨灯。灯具表面温度高，尤其是白炽灯和碘钨灯，容易烤着邻近的可燃物，因此它们与可燃物之间的距离不应小于 50cm。可燃粉尘、可燃纤维积落在灯泡上，往往会被烤燃起火，因此应当注意根据使用环境选择不同灯具。在储存可燃物资的库房内如确需照明时，可采用 60W 以下的灯泡，而且应配有玻璃防护罩。

② 电动设备。电动设备是一种将电能转换为机械能的电气设备，最常用的是电动机。电动机的种类很多，按电源性质分为直流电动机、交流电动机、交/直流两用电动机。每种电动机都包括定子和转子两个基本部分，定子由硅钢片铁芯、绕组、机座外壳、通风槽组成，转子由硅钢片转子铁芯、转子绕组、风扇组成。

a. 电动机烧毁的原因。绕组的绝缘层受到破坏引起短路是造成电动机损坏的主要原因，小的硬物落入机体内、检修或安装不慎都会碰坏绝缘层；线圈受潮也可导致绝缘能力下降。电动机异常发热也会损毁绕组，超负荷运行、三相电动机的“缺相”运行、由于轴承磨损或缺少润滑油造成的机轴转动不灵都会造成电动机发热起火。此外，纤维粉尘吸入电动机、通风槽被堵、定子与转子间的摩擦火花等可能引起周围可燃物的燃烧。

b. 预防电动机起火的主要方法。首先应根据使用环境的特点选择相应的电动机。电动机的功率应略大于被拖动的机械设备的功率，防止超负荷运行。同时应考虑防潮、防腐蚀、防尘等。电动机启动时的电流很大，会导致绕组快速发热。因此在短时间内电动机的启动次数不宜过多，一般不超过 5 次，发热状态下的启动不得超过 2 次。对电动机要经常做好保养工作。对转轴、轴承等要勤加润滑油，磨损严重的轴承要及时更换，以保持运转灵活。暂时不用的电动机应放在干燥、清洁的场所。重新使用前，要测量绝缘电阻，如低于标准阻值，不能投入使用。电动机要远离可燃物，其底座不能用可燃材料制作。对落在电动机上的可燃飞絮、可燃粉尘等及时清扫。

③ 电热设备。电热设备的作用是将电能转变为热能，工业中常用的设备有电炉、电热烘干箱、电取暖器、电熨斗、电烙铁等。电热设备是利用电流通过各种电热丝产生的高温、电磁感应形成的涡流、微波产生的高温来加热或烘干物品的。电热设备的功率通常都较大，设备表面温度较高，有些设备还是敞开式的，因此具有较大的火灾危险性。

a. 电热设备起火的原因。电热设备导致火灾主要有以下情况：导线选择不当或更换比原功率大的电热丝，导致过负荷；电热设备的绝缘材料长时间受高温影响，老化破裂造成短路；电热设备安装或放置不当，导致其引燃了周围的可燃物；加热温度过高或时间过长引燃了周围的可燃物。

b. 电热设备防火的基本措施。为了防止电热器过负荷，选用的导线必须具有足够的截面积，满足安全载流量的要求；工业用电热器应单独拉线，而且导线应较粗。电炉、电熨斗等必须与可燃物质保持较远距离，其底座应为不燃材料。在可产生可燃气体、蒸气、粉尘或飞絮的场所不得使用敞开式电热器。此外，电热器通电使用时一定要有专人看管。如果发生临时停电，应及时将电源切断，并将加热的物品移走，以防恢复送电时电热器过热发生危险。

④ 电气控制设备。电气控制设备是用来接通、切断电源或保护其他电气设备的设备。最常见的低压控制设备有开关和断路器。

a. 电气开关。电气开关是用来接通和切断电源的，其形式很多，但都包括活动触头、固定触头和开关体三个基本部分。通过活动触头与固定触头的接触与分离，实现对电源连通的控制。开关引发火灾主要有以下情形：①开关的载流量过小，使用中过度发热，引燃相邻的可燃物；②开关的活动触点与固定触点接触不良或触头与连接件连接松动，再加上氧化，造成接触电阻过大，以致过度发热引起火灾；③开关动作产生火花或电弧，引燃周围的可燃物。

为了预防开关引起的火灾，应当将开关设在固定的开关箱内，并应加箱盖。木质开关箱的内表面应敷以白铁皮，以防起火时火焰蔓延。开关的额定电流和额定电压均应和实际使用情况相匹配，一般开关的容量应适当大于在使用时可能遇到的最大载流量。开关箱应设在干燥处。在有火灾危险、爆炸危险或化学腐蚀的房间，应把开关安装在室外或合适的地方，否则应采用相应形式的开关，例如在有爆炸危险的场所采用隔爆型开关。在中性线接地的系统中，单极开关必须接在火线上，否则开关虽断，电气设备仍然带电。另外，应当经常检查开关的使用状况，紧固松动的接头，消除灰尘或污物，对于烧蚀严重的触点应及时修理或更换。

b. 断路器。在电气线路上安装断路器对于防止事故扩大具有重要的保护作用。在普通的生产、生活场所中使用的断路器主要有熔断器和空气断路开关。

通常使用的闸刀开关一般都有熔断器。熔断器由熔体和安装熔体的绝缘部件组成，熔体用低熔点的锡铅合金制成。当电路中发生短路时，流经熔体的电流超过其额定电流，致使其温度升高，发生熔断，从而切断电路。

熔断器引起火灾的原因主要有：①熔体过载，使熔断器过热，以致破坏其绝缘层，引燃周围可燃物；②未按额定电流选择熔体，最常见的是所用熔体的允许电流过大，以致电气设备短路或发生故障时熔断器不起作用，导致事故扩大；③大截面熔体爆断时，熔化的高温金属颗粒溅落到附近可燃物上以致引发火灾。

在低压供电系统中，熔断器应装在各级配电线路的电源端。例如在建筑物电源的进线、线路分支和导线截面改变的地方应当安装熔断器，以使每段线路都能得到可靠的保护。选用合适的熔体可防止熔断器火灾。熔体的额定熔断电流应与被保护的设备相适应，熔断电流不能过大，以保证其在事故时及时熔断，不允许擅自使用铜丝、铁丝等充当熔体使用。为了避免熔体熔断时溅出的高温颗粒引燃周围可燃物，熔断器宜装在具有火灾危险厂房的外边，否则应加密封外壳，并应远离可燃物体。

空气断路开关是一种较为先进的断路器，除了能够可靠地连通与切断电路外，还具有短路、过负荷和欠压保护功能，其消弧功能也较好。

（4）电气防爆。有些生产环境会有爆炸性危险，如产生爆炸性气体和粉尘的场所，而这些场所的生产也会用到电气设备。为防止电火花造成火灾爆炸，这些场所不能用普通电气设备，要用防爆电气设备。依据原理不同防爆电气设备有以下形式：

a. 隔爆型（标志为 d）。这种设备具有隔爆外壳，该外壳能承受内部爆炸性气体混合物的爆炸压力并阻止内部的爆炸向外壳周围的爆炸性混合物传播，适用于爆炸危险场所的任何地点，多用于强电技术，如电动机、变压器、开关等。

b. 增安型（标志为 e）。这种设备在正常运行条件下不会产生电弧、火花，也不会产生足以点燃爆炸性混合物的高温。在结构上采取种种措施来提高安全程度，以避免在正常和认可的过载条件下产生电弧、火花和高温。

c. 本质安全型（标志为 i）。该类设备采用国际电工委员会 IEC76-3《火花试验装置》，在正常工作或规定的故障状态下产生的电火花的热效应均不能点燃爆炸性气体混合物。这种设备按使用场合和安全程度分 ia 和 ib 两个等级。

ia 级设备：在正常工作、1 个故障点和 2 个故障点时均不能点燃爆炸性气体混合物。

ib 级设备：在正常工作和 1 个故障点时不能点燃爆炸性气体混合物。

正常工作和故障状态是用安全系数来衡量的。安全系数是电路最小引爆电流（或电压）与其电路的电流（或电压）的比值，用 K 表示。正常工作时 K=2.0，1 个故障时 K=1.5，2 个故障时 K=1.0。

d. 正压型（标志为 p）。这种设备的外壳可以保持内部保护气体，即新鲜空气或惰性气体的压力高于周围爆炸性环境的压力，从而阻止外部的爆炸性气体混合物进入设备外壳内部。

e. 充油型（标志为 o）。这种设备将全部或部分部件浸在油内，使设备不能点燃油面以上的或外壳外的爆炸性混合物，如高压油开关即属此类。

f. 充砂型（标志为 q）。这种设备在外壳内充填砂粒材料，使其在一定使用条件下壳内产生的电弧、传播的火焰、外壳壁或砂粒表面的过热均不能点燃周围爆炸性混合物。

g. 无火花型（标志为 n）。这种设备正常运行条件下，不会点燃周围爆炸性气体混合物，而且一般不会发生有点燃作用的故障。设备的正常运行即不应产生电弧或火花（包括滑动触头），设备的热表面或灼热点也不应超过相应温度组别的最高温度。

h. 浇封型（标志为m）。这种设备是将可能产生引起混合气爆炸的火花、电弧或危险温度的电气部件浇封在某些浇封剂中，从而避免了电路上引燃源的产生，并阻止了爆炸性气体混合物的侵入。

i. 气密型（标志为h）。该类设备采用气密外壳，从而使环境中的爆炸性气体混合物不能进入设备内部。气密外壳可采用熔化、挤压或胶粘的方法密封，故这种外壳多半是不可卸的。

j. 特殊型（标志为s）。指在结构上不属于上述任何一类，而采取其他特殊防爆措施的电气设备，如填充石英砂型的设备。

根据爆炸性气体混合物存在或出现的频率、持续时间及危险程度，将危险性区域划分为3个等级，其中爆炸性气体环境划分为0区、1区、2区，爆炸性粉尘环境划分为20区、21区、22区。不同类型的防爆电气设备适合不同的危险区域，可以按国家标准选用。

3. 防静电措施

为预防在生产中产生静电，引起静电电击和火灾爆炸，消除、减弱静电的产生和电荷积聚，须采取对策措施。

（1）工艺控制。从工艺流程、材料选择、设备结构和操作管理等方面采取措施，减少、避免静电荷的产生和积累。

（2）泄漏。生产设备和管道应避免采用静电非导体材料制造。所有存在静电引起爆炸和静电影响生产的场所，其生产装置（设备和装置外壳、管道、支架、构件、部件等）都必须接地，使已产生的静电电荷尽快对地泄漏、散失。

（3）中和。采用各类感应式、高压电源式和放射源式等静电消除器（中和器）消除（中和）、减少静电非导体的静电。各类静电消除器的接地端应按说明书的要求进行接地。

（4）屏蔽。用屏蔽体来屏蔽非带电体，能使之不受外界静电场的影响。

（5）综合措施。采取工艺、泄漏、中和、屏蔽等综合措施，使系统的静电电位、泄漏电阻、空间平均电场强度、面电荷密度等参数控制在各标准规定的限值范围内。

（6）其他措施。根据有关静电标准（化工、石油、橡胶、静电喷漆等）的要求，应采取的其他对策措施。

4. 防雷击措施

应当根据建筑物和构筑物、电力设备以及其他保护对象的类别和特征，分别对直击雷、雷电感应、雷电侵入波等采取适当的防雷措施。

（1）直击雷防护。第一类、第二类和第三类防雷建筑物的易受雷击部位应采取防直击雷的防护措施；可能遭受雷击且一旦遭受雷击后果比较严重的设施或堆料（如装卸油台、露天油罐、露天储气罐等）也应采取防直击雷的措施；高压架空电力线路、发电厂和变电站等应采取防直击雷的措施。装设避雷针、避雷线、避雷网、避雷带是直击雷防护的主要措施。

（2）感应雷防护。雷电感应也能产生很高的冲击电压，在电力系统中应与其他过电压同样考虑；在建筑物和构筑物中，应主要考虑由二次放电引起的爆炸和火灾危险。雷电感应防护主要考虑静电感应和电磁感应。

（3）雷电侵入波防护。雷击低压线路时，雷电侵入波将沿低压线传入用户，进入户内。特别是采用木杆或木横担的低压线路，由于其对地冲击绝缘水平很高，会使很高的电压进入户内，酿成大面积雷害事故。除电气线路外，架空金属管道也有引入雷电侵入波的危险。

（4）电子设备防雷。依据电子设备受雷电影响程度、环境条件、工作状态和电子设备的介质绝缘强度、耐流量、阻抗，确定受保护设备的耐过电压能力的等级，通过在电路上串联或并联保护元件，切断或短路直击雷、雷电感应引起的过电压，保护电子设备不受到破坏。常用的保护元件有气体放电管、压敏电阻、热线圈、熔丝、排流线圈、隔离变压器等。

五、机械伤害安全技术措施

1. 设计与制造的本质安全技术措施

（1）选用适当的设计结构消除或减弱危险。

① 采用本质安全技术。避免锐边、尖角和突出部分；安全距离的原则；限

制有关因素的物理量；使用本质安全工艺过程和动力源。

② 限制机械应力。机械选用的材料性能、设计计算方法和试验规则，都应该符合机械设计与制造的标准或规范的要求，使零件的机械应力不超过许用值，保证安全系数，以防止由于零件应力过大而被破坏或失效，避免故障或事故的发生；同时，通过控制连接、受力和运动状态来限制应力。

③ 材料和物质的安全性。用于制造机器的材料、燃料和加工材料在使用期间不得危及人员的安全或健康。

④ 遵循安全人机工程学原则。在机械设计中，应合理分配人机功能，在人机界面设计、作业空间的布置等方面体现安全人机工程学原则，提高机器的操作性能和可靠性，使操作者的体力消耗和心理压力尽量降到最低，从而减少操作差错。

⑤ 设计控制系统的安全原则。机械在使用过程中，典型的危险工况有：意外启动；速度变化失控；运动不能停止；运动机器零件或工件掉下飞出；安全装置的功能受阻等。控制系统的设计应考虑各种作业的操作模式或采用故障显示装置。

⑥ 防止气动和液压系统的危险。当采用气动、液压、热能等机械装置时，必须通过设计来避免与这些能量形式有关的各种潜在危险。

⑦ 预防电的危险。电的安全是机械安全的重要组成部分，机器中电气部分应符合有关电气安全标准的要求。预防电的危险尤其应注意防止电击、短路、过载和静电。

（2）采用机械化和自动化技术。机械化和自动化技术可以使人的操作岗位远离危险或有害现场，从而减少工伤事故。

① 操作自动化。在比较危险的岗位或被迫按机器的节奏连续生产过程，使用机器人或机械手代替人的操作，使得工作条件不断改善。

② 装卸搬运机械化。装卸可通过机械将工件送进滑道、手动分度工作台等作业点；搬运可采用工业机器人、机械手、自动送料装置等实现。应注意防止由于装置与机器零件或被加工物料之间阻挡而产生的危险以及检修故障时产生的危险。

③ 调整、维修的安全。在设计机器时，应尽量考虑将一些易损而需经常更

换的零部件设计得便于拆装和更换；提供安全接近或站立措施（梯子、平台、通道）；锁定切断的动力；机器的调试、润滑、维修等操作点应布置在危险区外，这样可减少操作者进入危险区的需要，从而减小操作者面临危险的概率。

2. 安全防护措施

通过采用安全装置、防护装置或其他手段，对一些机械危险进行预防。防护装置和安全装置有时也统称为安全防护装置。安全防护的重点是机械的传动部分、操作区、高处作业区、机械的其他运动部分、移动机械的移动区域以及某些机器由于特殊危险形式需要采取的特殊防护等。采用何种手段防护，应根据对具体机器评价的结果来决定。

3. 安全信息的使用

安全信息由文字、标记、信号、符号或图表组成，以单独或联合使用的形式向使用者传递信息，用以指导使用者（专业或非专业）安全、合理、正确地使用机器。

六、特种设备安全技术措施

特种设备共有锅炉、压力容器（含气瓶）、压力管道、电梯、起重机械、客运索道、大型游乐设施、场（厂）内专用机动车辆八种。虽然具体安全措施不同，但总体安全管理方面的要求差不多，下面就以锅炉安全为例简单介绍一下特种设备的安全技术措施，其他特种设备也大致类似，不再赘述。

1. 锅炉设计

锅炉的设计必须符合安全、可靠的要求，锅炉的设计文件应当经过国家特种设备安全监管部门核准的检验检测机构鉴定。

2. 锅炉的制造、安装、改造、维修

锅炉及其安全附件、安全保护装置的制造、安装、改造单位，应当经过国家特种设备安全监管部门许可；锅炉制造单位应当具备《特种设备安全法》规定的条件，并按照锅炉制造范围，取得国家特种设备安全监管部门统一制定的

锅炉类“特种设备制造许可证”，方可从事锅炉制造活动；锅炉的制造、安装、改造、重大维修过程，必须经国家特种设备安全监管部门核准的检验检测机构有资格的检验员，按照安全技术规范的要求进行监督检验，经监督检验合格后方可出厂或者交付使用。

3. 锅炉使用

锅炉使用单位应当严格执行《特种设备安全法》和有关安全生产的法律、行政法规的规定，根据情况设置锅炉安全管理机构或者配备专职、兼职安全管理人员，制定安全操作规程和管理制度以及事故应急措施和救援预案，并认真执行，确保锅炉安全使用。锅炉使用单位应当建立锅炉安全技术档案。

4. 锅炉检验

在用锅炉应当进行定期检验，以便及时发现锅炉在使用中潜伏的安全隐患及管理中的缺陷，进而采取应对措施，预防事故发生。锅炉定期检验工作，应当由经过国家特种设备安全监管部门核准的检验检测机构有资格的检验员进行。

5. 锅炉的安全监控

锅炉应安设安全阀、压力表、水位表等安全监控仪表，仪表的安装维护符合相关规定。

七、其他安全技术措施

1. 防高处坠落、物体打击措施

可能发生高处坠落的工作场所，应设置便于操作、巡检和维修作业的扶梯、工作平台、防护栏杆、护栏、安全盖板等安全设施；梯子、平台和易滑倒操作通道的地面应有防滑措施；设置安全网、安全距离、安全信号和标志、安全屏护和佩戴个体防护用品（安全带、安全鞋、安全帽、防护眼镜等），是避免高处坠落、物体打击事故的重要措施。

针对特殊高处作业（指强风、高温、低温、雨天、雪天、夜间、带电、悬空）特有的危险因素，提出针对性的防护措施。高处作业应遵守“十不登高”：

患有禁忌证者不登高；未经批准者不登高；未戴好安全帽、未系安全带者不登高；脚手板、跳板、梯子不符合安全要求不登高；攀爬脚手架、设备不登高；穿易滑鞋、携带笨重物体不登高；石棉、玻璃钢瓦上无垫脚板不登高；高压线旁无可靠隔离安全措施不登高；酒后不登高；照明不足不登高。

2. 安全色、安全标志

根据《图形符号　安全色和安全标志》（GB 2893）系列标准等的规定，充分利用红（禁止、危险）、黄（警告、注意）、蓝（指令、遵守）、绿（通行、安全）四种传递安全信息的安全色，正确使用安全色，使人员能够迅速发现或分辨安全标志，及时得到提醒，以防止事故、危害的发生。

安全标志分为禁止标志、警告标志、指令标志和提示标志四类。

（1）禁止标志，表示不准或制止人们的某种行动。

（2）警告标志，使人们注意可能发生的危险。

（3）指令标志，表示必须遵守，用来强制或限制人们的行为。

（4）提示标志，示意目标地点或方向。

3. 储运安全技术措施

着重就铁路线路、道路与建筑物、设备、大门边缘、电力线、管道等的安全距离和安全标志、信号、人行通道（含跨线地道、天桥）、防护栏杆，以及车辆、道口、装卸方式等方面的安全设施提出对策措施。例如，厂内铁路道口设置必要的警示标志、声光报警装置、拦道木、遮断信号机、护桩和标线等；装卸、搬运易燃、易爆、剧毒危险化学品应采用专用运输工具、专用装卸器具，装卸机械和工具应按其额定负荷降低 20% 使用；液体金属、高温货物运输时的特殊安全措施等。

根据《工业企业厂内铁路、道路运输安全规程》（GB 4387）、《工业车辆安全要求和验证　第 1 部分：自行式工业车辆（除无人驾驶车辆、伸缩臂式叉车和载运车）》（GB/T 10827.1）和各行业有关标准的要求，提出其他对策措施。

4. 焊割作业安全技术措施

国内外不少案例表明，造船、化工等行业在焊割作业时发生的事故较多，有的甚至引发了重大事故。因此，对焊割作业应予以高度重视，采取有力的对策措施，防止事故发生和对焊工健康的损害。

（1）存在易燃、易爆物料的企业应建立严格的动火制度。动火必须经批准并制定动火方案，如要有负责人、作业流程图、操作方案、安全措施、人员分工、监护、化验；特别是要确认易燃、易爆、有毒、窒息性物料及氧含量在规定的范围内，经批准后方可动火。

（2）焊割作业要求。焊割作业应遵守《焊接与切割安全》（GB 9448）等有关国家标准和行业标准。电焊作业人员除进行特殊工种培训、考核、持证上岗外，还应严格遵照焊割规章制度、安全操作规程进行作业。电弧焊时应采取隔离防护，保持绝缘良好，正确使用劳动防护用品，正确采取保护接地或保护接零等措施。

八、有害因素控制措施

有害因素控制对策措施的原则，是优先采用无危害或危害性较小的工艺和物料，减少有害物质的泄漏和扩展；尽量采用生产过程密闭化、机械化、自动化的生产装置（生产线）及自动监测、报警装置和联锁保护、安全排放等装置，实现自动控制、遥控或隔离操作。尽可能避免、减少操作人员在生产过程中直接接触产生有害因素的设备和物料，是优先采取的对策措施。

第四节　安全工程设计

《安全生产法》规定：生产经营单位新建、改建、扩建工程项目（以下统称建设项目）的安全设施，必须与主体工程同时设计、同时施工、同时投入生产和使用。安全设施投资应当纳入建设项目概算。原国家安全生产管理总局出台的《建设项目安全设施“三同时”监督管理暂行办法》规定：生产经营单位在建设项目初步设计时，应当委托有相应资质的设计单位对建设项目安全设施进行设计，编制安全专篇；安全设施设计必须符合有关法律、法规、规章和国家标准或者行业标准、技术规范的规定，并尽可能采用先进适用的工艺、技术和可靠的设备、设施。

建设项目的安全设施设计虽然是主体工程的附属设计，但它是实现项目安全稳定运行的基础与保障，也是实现项目本质安全的途径。这个基础打好了，后面日常的安全管理才会游刃有余。当然安全工程设计也是安全工程专业学生的基本功。安全工程设计主要包括通风工程设计、防火防爆设计、安全设施专篇设计等。

一、通风工程设计

工业生产中通风的目的是保障供给人员新鲜空气、排除有毒有害气体和粉尘、改善气候条件，同时通风还可以提高企业防灾抗灾减灾能力。为保证各工作地点供给的风量满足需要，并使风流按需流动，就要对通风工程进行设计。常见的通风工程设计有矿井通风设计和工业通风设计。无论是矿井通风设计还是工业通风设计，其主要内容都包括通风方式选择、需风量的计算、通风系统设计、通风阻力计算、通风设备的选型、通风费用概算等内容。

1. 通风方式选择

对于矿井通风，通风方式主要有抽出式和压入式。抽出式通风是将矿井主要通风机安装在回风井一侧的地面，新鲜风流经进风井进入井下各用风地点后，污风汇入到回风井，再通过风机排出地表的通风方式。而压入式通风是指矿井主要通风机安装在进风井一侧的地面，新鲜风流经风机加压后送入井下各用风地点，污风再经过回风井排出地表的一种通风方式。两种通风方式都有一定的适用条件，根据矿井的具体条件来确定选择哪一种通风方式。

对于工业通风，也有抽出式和压入式，不过与矿井通风的叫法不同，工业通风称为排风和送风。排风是指用通风的方法将有害物质或湿、热空气排出车间，远离操作工人；而送风则是将车间外清洁空气送入车间，直接作用于操作工人或改善整个车间空气环境。除排风和送风外，工业通风还分局部通风和全面通风。局部通风是采用局部气流，使人员工作的地点不受有害物质的污染，以形成良好的局部工作环境。局部通风具有通风效果好、风量节省等优点。大型车间，尤其是大量余热的高温车间，在全面通风无法保证室内所有地方都达到适宜程度时采用局部通风。但局部通风设计需要精确计算，否则无法保证通风程度。局部通风系统由局部排风罩（吸尘罩）、通风管道、通风机、粉尘或有害气体净化设备和通风装置等组成。全面通风是对整个房间进行通风换气，用送入室内的新鲜空气把房间里的有害物质浓度稀释到国家卫生标准的允许浓度以下，同时把室内被污染的污浊空气直接或经过净化处理后排放到室外大气中去。全面通风能够改善整个房间的室内环境，但耗费风量大，比较浪费能源。

2. 需风量的计算

根据通风的目的，需风量的计算主要考虑有毒有害气体和粉尘的释放量、作业场所的温度和湿度、作业场所的换气量要求等因素，无论矿井通风还是工业通风都有相应的需风量计算标准，按标准计算即可。

3. 通风系统设计

地面工业通风系统相对比较简单，主要根据有毒有害物质源、热源等需风点布置通风管道系统，把这些有毒有害物质和热量排出车间。

矿井通风系统设计比较复杂。它包括矿井通风系统设计和采区通风系统设计等。矿井通风系统分中央式、对角式、分区式和混合式。中央式又分中央并列式和中央分列式。中央并列式是进风井和回风井均在井田中央，两风井相隔较近（30 ～ 50m）。中央分列式是进风井布置在井田中央，而回风井布置在井田上部边界沿走向的中央，进风井和回风井相隔一定的距离。对角式又可分为两翼对角式和分区对角式。两翼对角式是进风井布置在矿区井田的中央，两个回风井分别布置在矿区井田两翼上部。分区对角式是各个采区的上部都布置回风井，不设主要回风巷。分区式指井田的每个生产区域各布置进风井和回风井，分别构成独立的通风系统。混合式是以上两种或两种以上通风方式组合成的一种混合式通风系统。以上通风系统都有优缺点和适用条件，在具体设计矿井通风系统时除考虑通风因素外，还要结合煤层的赋存和矿井的生产情况等情况综合考虑。

4. 通风阻力计算

对于矿井通风和工业通风都需要计算通风巷道或管道的通风阻力，其目的是为后面的通风机选型提供基础数据。通风阻力计算主要采用分段计算，根据每一段巷道或管道的形状、断面、周长、粗糙度以及通过的风量等计算通风阻力，然后将串联的各段巷道或管道的阻力相加，再考虑一个局部阻力系数就得到整个系统的通风阻力。

5. 通风设备的选型

根据前面计算的系统总风量和总阻力选择合适的通风机及相应的电机等附属设备。选择通风设备除考虑满足通风要求外，还要考虑运行的经济成本。有些通风系统是全天 24h 运转的，如矿井主要通风机是不能停止运行的。所以选择的通风设备不是越大越好，选择的原则就是安全经济合理。

6. 通风费用概算

通风费用概算主要是计算通风的耗电量，根据通风机的风量和风压可以计算出通风机的消耗功率，再考虑效率可以计算出通风机的输入功率，据此选择电机，进而概算出通风电费。

二、防火防爆设计

有火灾爆炸危险的企业需要进行防火防爆设计，其主要内容有总平面布置设计、防爆电气设备选择、泄爆方式选择与泄爆面积计算、灭火器配置设计等。

1. 总平面布置设计

将整个厂区划分为生产区、储存区、生活区和附属设施区，各区之间的隔离设施及间距符合有关规定。确定各区域内的危险物品的种类和数量，对于生产厂房要考虑生产工艺的危险性，据此可以确定各区域和建筑的火灾危险类别。根据《建筑设计防火规范》（GB 50016）确定各厂房和库房的耐火等级，然后确定各建筑之间的防火间距。在满足以上安全要求的条件下，再考虑生产的工艺流程和整齐美观设计厂房、库房和各区域的平面布置。

2. 防爆电气设备选择

按照爆炸性气体或粉尘出现的频繁程度和时间长短，进行爆炸性区域分级。按照火灾爆炸性危险环境的区域分级，选择适合的防爆电气设备。

3. 泄爆方式选择与泄爆面积计算

有爆炸危险的厂房和库房设置足够的泄压面积，可大大减轻爆炸时的破坏强度，避免因主体结构遭受破坏而造成重大人员伤亡和经济损失。因此，要求有爆炸危险的厂房的围护结构有相适应的泄压面积，厂房的承重结构和重要部位的分隔墙体应具备足够的抗爆性能。

按照《建筑设计防火规范》（GB 50016），有爆炸危险的甲、乙类厂房宜独立设置，并宜采用敞开或半敞开式。其承重结构宜采用钢筋混凝土或钢框架、排架结构。有爆炸危险的厂房或厂房内有爆炸危险的部位应设置泄压设施。泄压设施宜采用轻质屋面板、轻质墙体和易于泄压的门、窗等，应采用安全玻璃等在爆炸时不产生尖锐碎片的材料。泄压设施的设置应避开人员密集场所和主要交通道路，并宜靠近有爆炸危险的部位。

厂房的泄压面积按《建筑设计防火规范》（GB 50016）的规定计算，主要考虑厂房或库房的容积大小和泄压比。

4. 灭火器配置设计

根据配置场所的物质及燃烧特性确定火灾类型。按照《火灾分类》（GB/T 4968）标准，火灾分 A、B、C、D、E、F 六类。其中，A 类是固体物质火灾，B 类是液体或可熔化固体物质火灾，C 类是气体火灾，D 类是金属火灾，E 类是带电火灾，F 类是烹饪器具内烹饪物火灾。不同火灾类型需要选择不同的灭火器。

根据场所内生产、使用、储存物品的火灾危险性，考虑可燃物数量、火灾蔓延速度、扑救难易程度等因素，确定配置场所的危险等级。危险等级分严重危险级、中危险级、轻危险级三个级别。

根据选择的灭火器和危险等级确定灭火器的最大保护距离和单位灭火级别的最大保护面积。然后确定计算单元，根据计算单元的面积和单位灭火级别的最大保护面积，考虑配置场所是否有灭火系统和消火栓系统计算出计算单元的最小需配灭火级别，再根据最大保护距离确定设置多少个配置点和每个配置点需要配置多少个灭火器。

5. 灭火系统设计

灭火系统的种类较多，有自动喷水灭火系统、泡沫灭火系统、水喷雾和细水雾灭火系统、自动跟踪定位射流灭火系统、气体灭火系统、干粉灭火系统等，设计时根据火灾的种类及法律法规的要求选取。下面以自动喷水灭火系统为例介绍一下灭火系统设计的主要内容。

湿式自动喷水灭火系统是自动喷水灭火系统中最基本的系统形式，该系统在报警阀的上下管道中始终充满着压力水。发生火灾时，火焰或高温气流使闭式喷头的热敏感元件动作，喷头开启，喷水灭火。此时，管网中的水由静止变为流动，水流使指示器动作发出电信号，在报警控制器上指示着火区域已在喷水。由于喷头开启泄压，在压力差的作用下，原来处于关闭状态的湿式报警阀就自动开启。压力水通过湿式报警阀，流向灭火管网，同时打开通向水力警铃的通道，水流冲击水力警铃发出声响警报信号。消防控制中心根据水流指示器或压力开关的报警信号，自动启动消防水泵向系统加压供水，达到维持自动喷水灭火的目的。

自动喷水灭火系统设计的主要内容有：根据火灾危险等级确定喷水强度、作用面积和喷头工作压力，确定流量；根据建筑面积和结构设计喷头位置与数量，布置管网并进行水力计算确定水泵扬程；绘制管道系统图，验算并进行流速校核。

其他灭火系统大致类似，到以后专业课程学习时再详细了解。

三、安全设施专篇设计

不同行业的安全设施专篇设计内容不尽相同，煤矿的安全设施专篇设计较为复杂，包括矿井通风系统设计、矿井瓦斯防治设计、矿井防尘系统设计、矿井防灭火系统设计、矿井防治水设计、矿井其他灾害防治设计、矿井安全管理设计和矿井应急救援设计等内容。

第五节 安全管理

安全管理是以实现生产过程安全为目的的现代化、科学化的管理。其基本任务是按照国家有关安全生产的方针、政策、法律、法规的要求，从本企业实际出发，为构筑企业安全生产的长效机制，规范企业安全生产经营活动，而采取相关的对策措施，以期科学地、前瞻地、有效地发现、分析和控制生产过程中的危险有害因素，制定相应的安全技术措施和规章制度，主动防范、控制事故和职业病的发生，避免、减少有关损失。

安全管理对策措施是通过一系列管理手段将人、设备、物质、环境等涉及安全生产工作的各个环节有机地结合起来，进行整合、完善、优化，以保证企业在生产经营活动全过程的职业安全和健康，使已经采取的安全技术对策措施得到制度上、组织上、管理上的保证。

各类危险有害因素存在于生产经营活动之中，只要有生产经营活动就存在事故发生的可能性。即使本质安全性能较高的自动化生产装置，也不可能彻底控制、预防所有的危险有害因素（例如维修等辅助生产作业中存在的、生产过程中设备故障造成的危险有害因素等）和作业人员的失误，必须采取有效的安全管理技术措施给予保证。因此，安全管理对策措施对于所有生产经营单位都是企业管理的重要组成部分，是保证安全生产必不可少的措施。

一、安全生产责任制编制与落实

《安全生产法》规定：生产经营单位必须遵守本法和其他有关安全生产的法律、法规，加强安全生产管理，建立健全全员安全生产责任制和安全生产规章制度，加大对安全生产资金、物资、技术、人员的投入保障力度，改善安全生产条件，加强安全生产标准化、信息化建设，构建安全风险分级管控和隐患排查治理双重预防机制，健全风险防范化解机制，提高安全生产水平，确保安全生产。

1. 建立健全企业安全生产责任制

安全生产责任制是生产经营单位各项安全管理制度的核心。建立健全企业安全生产责任制是企业遵守《安全生产法》的必备条件，同时也是企业安全管理的需要。

安全生产是关系到生产经营单位全员、全过程的大事，通过建立健全安全生产责任制，把“安全生产，人人有责”从制度上予以确定，从而明确各级人员如单位负责人及其副职、总工程师（或技术总负责人）、车间主任（或部门负责人）、工段长、班组长、车间（或部门）安全员、班组安全员、职工的安全职责等，做到各尽职守，各负其责。

企业法定代表人是安全生产第一责任人，对本企业的安全生产负全面管理的法定责任，切实做到“谁主管，谁负责”。企业的各级领导人员和职能部门，应在各自的工作范围内，对实现安全、文明生产负责，同时向各自的上级负责。

2. 制定各项安全生产规章制度和操作规程

安全生产规章制度和操作规程是实现企业安全生产的规范，也是防止和控制设备、物质、环境不安全状态和人的不安全行为的必要保证。依据企业自身特点，应建立一系列安全管理制度和安全操作规程，针对不同的控制对象制定具体的管理制度和规程。生产经营单位一般需制定的安全管理制度有：①规范人的安全管理，如安全教育制度、劳动保护用品管理制度、外包工作管理制度、职业病防治及健康检查制度、安全生产检查制度、反违章管理制度、消防管理制度、事故事件分析调查处理管理制度、职业病报告处理制度、安全生产交接班制度、安全生产巡回检查制度、安全活动日制度、女工劳动保护规定、劳动管理制度、安全生产奖惩制度等；②规范专业技术的安全管理，如安全技术措施计划制度、危险化学品管理制度、锅炉压力容器管理制度、起重机械及工器具管理制度、危险设备管理制度、安全防护设施管理制度、厂内运输安全管理制度、有毒有害作业管理制度、安全用电管理制度、危险作业审批和监护制度、工艺技术安全生产规程、安全操作规程、检修安全规程、安全生产确认制度等；③规范设备与物的安全管理，如设备保养维护检修管理制度、设备缺陷管理制度、特种设备管理制度、绝缘工具管理制度、手持电动工具管理制度、计量及检测设备管理制度、动火作业管理制度、新建改建扩建项目“三同时”制度等；④规范生产环境的安全管理，如作业场所及定置管理制度、防暑降温及防寒保暖管理制度等。

二、安全生产管理机构及人员

生产经营单位应按照《安全生产法》的规定，设置安全管理机构和配备安全管理人员。安全管理机构是指生产经营单位中专门负责安全生产监督管理的部门，其工作人员是专职的安全管理人员，其作用是落实国家有关安全生产的法律法规，据此而相应制定本企业的安全生产规章制度和操作规程，组织生产经营单位内部各种安全检查活动，开展日常安全检查，及时整改各种事故隐患，监督安全生产责任制的落实等，是生产经营单位安全生产的重要组织保证。

1. 安全生产管理机构和人员的配置

《安全生产法》规定：矿山、金属冶炼、建筑施工、运输单位和危险物品的生产、经营、储存、装卸单位，应当设置安全生产管理机构或者配备专职安全生产管理人员。其他生产经营单位，从业人员超过一百人的，应当设置安全生产管理机构或者配备专职安全生产管理人员；从业人员在一百人以下的，应当配备专职或者兼职的安全生产管理人员。

2. 安全生产管理机构的主要职责和任务

（1）组织或者参与拟订本单位安全生产规章制度、操作规程和生产安全事故应急救援预案。

（2）组织或者参与本单位安全生产教育和培训，如实记录安全生产教育和培训情况。

（3）组织开展危险源辨识和评估，督促落实本单位重大危险源的安全管理措施。

（4）组织或者参与本单位应急救援演练。

（5）检查本单位的安全生产状况，及时排查生产安全事故隐患，提出改进安全生产管理的建议。

（6）制止和纠正违章指挥、强令冒险作业、违反操作规程的行为。

（7）督促落实本单位安全生产整改措施。

生产经营单位可以设置专职安全生产分管负责人，协助本单位主要负责人履行安全生产管理职责。

三、安全生产监督与检查

通过对国家有关安全生产法律、法规、标准、规范和本单位所制定的各类安全生产规章制度和责任制执行情况的监督与检查，促进和保证安全教育和培训工作的正常进行，促进和保证安全生产投入的有效实施，促进和保证安全设施、安全技术装备能正常发挥作用，促进和保证对生产全过程进行科学、规范、有序、有效的安全控制和管理。

《安全生产法》规定：生产经营单位应当建立安全风险分级管控制度，按照安全风险分级采取相应的管控措施；生产经营单位应当建立健全并落实生产安全事故隐患排查治理制度，采取技术、管理措施，及时发现并消除事故隐患。事故隐患排查治理情况应当如实记录，并通过职工大会或者职工代表大会、信息公示栏等方式向从业人员通报。其中，重大事故隐患排查治理情况应当及时向负有安全生产监督管理职责的部门和职工大会或者职工代表大会报告；县级以上地方各级人民政府负有安全生产监督管理职责的部门应当将重大事故隐患纳入相关信息系统，建立健全重大事故隐患治理督办制度，督促生产经营单位消除重大事故隐患。

经常性的检查、监督，是完善和加强安全生产管理的重要手段。通过安全检查，可以发现生产经营单位生产过程中的危险因素以及控制及管理方法是否有效或失控，以便及时得到整改纠正，及时消除事故隐患，保证安全生产。

安全检查的基本任务是：发现和查明各种危险和隐患，督促整改，监督各项安全生产规章制度的实施，制止违章指挥、违章作业。安全检查应贯彻领导检查与群众检查相结合、企业自查和上级督查相结合的原则。安全检查应有具体计划，明确目的、要求、内容，并编制“安全检查表”，做到边检查、边整改，并及时总结和推广先进经验。检查的形式包括职工自查、对口互查、综合检查、专业检查、季节性检查、节假日检查、夜间抽查和日常检查。

综合检查分为厂、车间、班组三级。各种检查均应编制相应的安全检查表，按检查表的内容逐项检查。

专业检查分别由各专业部门组织进行，每年至少进行两次。检查的重点主要是锅炉及压力容器等特种设备，危险化学品，电气装置，机械设备，安全装置，特种防护用品，运输车辆，消防设施，防火、防爆、防尘、防毒等重点部位、重要岗位。

季节性检查如春季安全大检查，以防雷、防静电、防解冻、防跑漏为重点；夏季安全大检查，则以防暑降温、防台风、防汛为重点；秋季安全大检查，以防火、防冻保暖为重点；冬季安全大检查，以防火、防爆、防煤气中毒、防冻、防凝、防滑为重点。

日常检查分岗位工人自查和管理人员巡回检查。岗位工人应认真履行岗位安全生产责任制，进行交接班检查和班中巡回检查。各级管理人员应在各自的职权范围内进行检查。

通过安全检查，对查出的隐患应逐项分析研究，并提出整改措施，做到责任、措施、资金、时限、预案的“五落实”。

四、安全生产监管与监察

1. 安全生产监管监察体制

《安全生产法》规定，我国安全生产工作实行管行业必须管安全、管业务必须管安全、管生产经营必须管安全，强化和落实生产经营单位主体责任与政府监管责任，建立生产经营单位负责、职工参与、政府监管、行业自律和社会监督的机制。

《安全生产法》规定，国务院应急管理部门依照本法，对全国安全生产工作实施综合监督管理；县级以上地方各级人民政府应急管理部门依照本法，对本行政区域内安全生产工作实施综合监督管理；国务院交通运输、住房和城乡建设、水利、民航等有关部门依照本法和其他有关法律、行政法规的规定，在各自的职责范围内对有关行业、领域的安全生产工作实施监督管理；县级以上地方各级人民政府有关部门依照本法和其他有关法律、法规的规定，在各自的职责范围内对有关行业、领域的安全生产工作实施监督管理。对新兴行业、领域的安全生产监督管理职责不明确的，由县级以上地方各级人民政府按照业务相近的原则确定监督管理部门。应急管理部门和对有关行业、领域的安全生产工作实施监督管理的部门，统称负有安全生产监督管理职责的部门。负有安全生产监督管理职责的部门应当相互配合、齐抓共管、信息共享、资源共用，依法加强安全生产监督管理工作。

从以上条款可以看出，涉及交通运输、建筑施工、水利、民航、特种设备等行业的安全生产监管由相应的行业主管部门负责。而其他行业的安全生产监管由应急管理部门负责。这就是我国的综合监管和行业监管相结合的安全生产监管方式。

2020 年随着国家矿山安全监察局的成立，非煤矿山安全生产也实行监察制度。根据《煤矿安全生产条例》（国务院令〔2024〕第 774 号），我国实行煤矿安全生产监察制度。国家矿山安全监察机构及其设在地方的矿山安全监察机构负责煤矿安全生产监察工作，依法对地方人民政府煤矿安全生产监督管理工作进行监督检查。从而我国“国家监察、地方监管、企业负责”的矿山安全生产监管监察体制初步形成。

2. 安全生产监管的主要内容

安全生产监管部门应当按照年度安全生产监管执法工作计划、现场检查方案，对生产经营单位是否具备有关法律、法规、规章和国家标准或者行业标准规定的安全生产条件进行监督检查。重点监督检查下列事项：

（1）依法取得有关安全生产行政许可的情况；

（2）作业场所职业危害防治的情况；

（3）建立和落实安全生产责任制、安全生产规章制度和操作规程、作业规程的情况；

（4）按照国家规定提取和使用安全生产费用、安全生产风险抵押金，以及其他安全生产投入的情况；

（5）依法设置安全生产管理机构和配备安全生产管理人员的情况；

（6）从业人员受到安全生产教育、培训，取得有关安全资格证书的情况；

（7）新建、改建、扩建工程项目的安全设施与主体工程同时设计、同时施工、同时投入生产和使用，以及按规定办理设计审查和竣工验收的情况；

（8）在有较大危险因素的生产经营场所和有关设施、设备上，设置安全警示标志的情况；

（9）对安全设备设施的维护、保养、定期检测的情况；

（10）重大危险源登记建档、定期检测、评估、监控和制定应急预案的情况；

（11）教育和督促从业人员严格执行本单位的安全生产规章制度和安全操作规程，并向从业人员如实告知作业场所和工作岗位存在的危险因素、防范措施以及事故应急措施的情况；

（12）为从业人员提供符合国家标准或者行业标准的劳动防护用品，并监督、教育从业人员按照使用规则正确佩戴和使用的情况；

（13）在同一作业区域内进行生产经营活动，可能危及对方生产安全的，与对方签订安全生产管理协定，明确各自的安全生产管理职责和应当采取的安全措施，并指定专职安全生产管理人员进行安全生产检查与协调的情况；

（14）对承包单位、承租单位的安全生产工作实行统一协调、管理的情况；

（15）组织安全生产检查，及时排查治理生产安全事故隐患的情况；

（16）制定、实施生产安全事故应急预案，以及有关应急预案备案的情况；

（17）危险物品的生产、经营、储存单位及矿山企业建立应急救援组织或者兼职救援队伍、签订应急救援协议，以及应急救援器材、设备的配备、维护、保养的情况；

（18）按照规定报告生产安全事故的情况；

（19）依法应当监督检查的其他情况。

五、安全生产教育培训

生产经营单位的安全生产教育、培训工作，是提高员工安全生产意识、安全生产技术素质，防止产生人的不安全行为，减少人的操作失误的重要方法，这是企业安全生产的一项重要的基础工作。通过教育和培训，提高单位管理者及员工安全生产的责任感和自觉性，普及和提高员工的安全生产知识，增强安全操作技能，从而保护自己和他人的安全和健康。

1. 法律依据

《安全生产法》规定：生产经营单位应当对从业人员进行安全生产教育和培训，保证从业人员具备必要的安全生产知识，熟悉有关的安全生产规章制度和安全操作规程，掌握本岗位的安全操作技能，了解事故应急处理措施，知悉自身在安全生产方面的权利和义务。未经安全生产教育和培训合格的从业人员，不得上岗作业；生产经营单位使用被派遣劳动者的，应当将被派遣劳动者纳入本单位从业人员统一管理，对被派遣劳动者进行岗位安全操作规程和安全操作技能的教育和培训。劳务派遣单位应当对被派遣劳动者进行必要的安全生产教育和培训；生产经营单位接收中等职业学校、高等学校学生实习的，应当对实习学生进行相应的安全生产教育和培训，提供必要的劳动防护用品。学校应当协助生产经营单位对实习学生进行安全生产教育和培训；生产经营单位应当建立安全生产教育和培训档案，如实记录安全生产教育和培训的时间、内容、参加人员以及考核结果等情况。

第五十八条规定：从业人员应当接受安全生产教育和培训，掌握本职工作所需的安全生产知识，提高安全生产技能，增强事故预防和应急处理能力。

为落实《安全生产法》，原国家安全生产监督管理总局印制了《安全生产培训管理办法》来规范企业的安全生产培训工作。

2. 培训对象

培训对象主要是生产经营单位从业人员、安全生产监管监察人员和从事安全生产工作的相关人员。安全生产监管监察人员是指县级以上各级人民政府安全生产监督管理部门、各级煤矿安全生产监察机构从事安全生产监管监察、行政执法的安全生产监管人员和煤矿安全生产监察人员；生产经营单位从业人员是指生产经营单位主要负责人、安全生产管理人员、特种作业人员及其他从业人员；从事安全生产工作的相关人员是指从事安全生产教育培训工作的教师，危险化学品登记机构的登记人员和承担安全评价、咨询、检测、检验的人员及注册安全工程师，安全生产应急救援人员等。

3. 安全生产培训的内容

安全生产培训的重点在生产经营单位，在单位担任的角色不同，安全生产培训的内容也不尽相同。

（1）单位主要负责人的培训内容。

① 国家安全生产方针、政策和有关安全生产的法律、法规、规章及标准；

② 安全生产管理、安全生产技术和职业健康基本知识；

③ 重大危险源管理、重大事故防范、应急管理和事故调查处理的有关规定；

④ 国内外先进的安全生产管理经验；

⑤ 典型事故和应急救援案例分析；

⑥ 其他需要培训的内容。

（2）安全生产管理人员的培训内容。

① 国家安全生产方针、政策和有关安全生产的法律、法规、规章及标准；

② 安全生产管理、安全生产技术、职业健康等知识；

③ 伤亡事故报告、统计及职业危害的调查处理方法；

④ 应急管理的内容及其要求；

⑤ 国内外先进的安全生产管理经验；

⑥ 典型事故和应急救援案例分析；

⑦ 其他需要培训的内容。

（3）一般从业人员的培训内容。

① 作业场所和工作岗位存在的危险因素、防范措施及事故应急措施，事故案例；

② 现场急救的方法，安全生产知识；

③ 有关安全生产管理规章制度和安全生产操作规程；

④ 本岗位的安全操作技能。

除此之外，还有新职工的安全生产教育培训、特殊工程的安全生产教育培训等。

六、安全生产标准化

企业通过落实企业安全生产主体责任，通过全员全过程参与，建立并保持安全生产管理体系，全面管控生产经营活动各环节的安全生产与职业卫生工作，实现安全健康管理系统化、岗位操作行为规范化、设备设施本质安全化、作业环境器具定置化，并持续改进。

1. 开展安全生产标准化建设的法律依据

《安全生产法》规定，生产经营单位必须加强安全生产标准化、信息化建设，并且将其列为生产经营单位主要负责人的安全生产职责，所以开展安全生产标准化建设是生产经营单位必须履行的法律义务。2021 年 10 月应急管理部印发了《企业安全生产标准化建设定级办法》，要求全国化工（含石油化工）、医药、危险化学品、烟花爆竹、石油开采、冶金、有色、建材、机械、轻工、纺织、烟草、商贸等行业企业应当按照安全生产有关法律、法规、规章、标准等要求，加强标准化建设，可以依据本办法自愿申请标准化定级。

2. 安全生产标准化级别及激励措施

企业安全生产标准化定级标准由应急管理部按照行业分别制定，其基本依据是《企业安全生产标准化基本规范》（GB/T 33000）。一般地，企业安全生产标准化等级由高到低分为一级、二级、三级。其中，一级安全生产标准化企业最好，二级次之，三级再次之。

虽然安全生产标准化是自愿申请，但国家有相应的激励措施来支持和鼓励企业开展标准化建设。主要的激励措施如下：

（1）将企业标准化建设情况作为分类分级监管的重要依据，对不同等级的企业实施差异化监管，对一级企业，以执法抽查为主，减少执法检查频次；

（2）因安全生产政策性原因对相关企业实施区域限产、停产措施的，原则上一级企业不纳入范围；

（3）停产后复产验收时，原则上优先对一级企业进行复产验收；

（4）标准化等级企业符合工伤保险费率下浮条件的，按规定下浮其工伤保险费率；

（5）标准化等级企业的安全生产责任保险按有关政策规定给予支持；

（6）将企业标准化等级作为信贷信用等级评定的重要依据之一，支持鼓励金融信贷机构向符合条件的标准化等级企业优先提供信贷服务；

（7）标准化等级企业申报国家和地方质量奖励、优秀品牌等资格和荣誉的，予以优先支持或者推荐；

（8）对符合评选推荐条件的标准化等级企业，优先推荐其参加所属地区、行业及领域的先进单位（集体）、安全文化示范企业等评选。

3. 安全生产标准化的核心要求

安全生产标准化的核心要求包括目标职责、制度化管理、教育培训、现场管理、安全风险管控及隐患排查治理、应急管理、事故查处、持续改进八个大的方面。

（1）目标职责。企业应根据自身安全生产实际，制定文件化的总体和年度安全生产与职业卫生目标，并纳入企业总体生产经营目标，要定期对目标进行评估和考核。

企业应落实安全生产组织领导机构，成立安全生产委员会，并应按照有关规定设置安全生产和职业卫生管理机构，或配备相应的专职或兼职安全生产和职业卫生管理人员，按照有关规定配备注册安全工程师，建立健全从管理机构到基层班组的管理网络。

企业员工要全员参与安全生产和职业卫生工作，企业要为此创造条件。企业应建立安全生产投入保障制度，按规定提取和使用安全生产费用。企业应该开展安全文化建设，并利用信息化手段加强安全生产管理工作。

（2）制度化管理。企业应将适用的安全生产和职业卫生法律法规、标准规范的相关要求转化为本单位的规章制度、操作规程，并及时传达给相关从业人员，确保相关要求落实到位。企业应建立健全安全生产和职业卫生规章制度，并征求工会及从业人员意见和建议，规范安全生产和职业卫生管理工作。企业应按照有关规定，结合本企业生产工艺、作业任务特点以及岗位作业安全风险与职业病防护要求，编制齐全适用的岗位安全生产和职业卫生操作规程，发放给相关岗位员工，并严格执行。企业应建立文件和记录管理制度，明确安全生产和职业卫生规章制度、操作规程的编制、评审、发布、使用、修订、作废，以及文件和记录管理的职责、程序和要求。

（3）教育培训。企业应建立健全安全生产教育培训制度，按照有关规定进行培训。培训大纲、内容、时间应满足有关标准的规定。企业的主要负责人和安全生产管理人员应具备与本企业所从事的生产经营活动相适应的安全生产和职业卫生知识与能力。企业应对各级管理人员进行教育培训，确保其具备正确执行岗位安全生产和职业卫生职责的知识与能力。

（4）现场管理。企业应该从设备设施、作业安全、职业健康、警示标志四个方面加强现场管理。

（5）安全风险管控及隐患排查治理。企业应建立安全风险辨识管理制度，组织全员对本单位安全风险进行全面、系统的辨识。安全风险辨识范围应覆盖本单位的所有活动及区域，并考虑正常、异常和紧急三种状态及过去、现在和将来三种时态。安全风险辨识应采用适宜的方法和程序，并且与现场实际相符。

企业应建立隐患排查治理制度，逐渐建立并落实从主要负责人到每位从业人员的隐患排查治理和防控责任制，并按照有关规定组织开展隐患排查治理工作，及时发现并消除隐患，实行隐患闭环管理。

（6）应急管理。企业应按照有关规定建立应急管理组织机构或指定专人负责应急管理工作，建立与本企业安全生产特点相适应的专（兼）职应急救援队伍。按照有关规定可以不单独建立应急救援队伍的，应指定兼职救援人员，并与邻近专业应急救援队伍签订应急救援服务协议。

企业应在开展安全风险评估和应急资源调查的基础上，建立生产安全事故应急预案体系，制定符合规定的生产安全事故应急预案，针对安全风险较大的重点场所（设施）制定现场处置方案。

（7）事故查处。企业应建立事故报告程序，明确事故内外部报告的责任人、时限、内容等，并教育、指导从业人员严格按照有关规定的程序报告发生的生产安全事故。企业应建立内部事故调查和处理制度，按照有关规定、行业标准和国际通行做法，将造成人员伤亡（轻伤、重伤、死亡等人身伤害和急性中毒）和财产损失的事故纳入事故调查和处理范畴。

（8）持续改进。企业应根据安全生产标准化管理体系的自评结果和安全生产预测预警系统所反映的趋势，以及绩效评定情况，客观分析企业安全生产标准化管理体系的运行质量，及时调整完善相关制度文件和过程管控，持续改进，不断提高安全生产绩效。

七、职业健康安全管理体系

1. 职业健康安全管理体系简介

为促进我国职业健康安全与国际接轨，许多企业在执行国家安全生产法律法规的同时，也积极参与国际职业健康安全管理体系认证，目前的认证是基于国际标准《Occupational health and safety management systems—Requirements with guidance for use》（ISO 45001：2018）。我国参照国际标准也制定了相应的国家标准，即《职业健康安全管理体系　要求及使用指南》（GB/T 45001）。职业健康安全管理体系是通过专业性的调查评估和相关法规要求的符合性鉴定，找出存在于企业的产品、服务、活动、工作环境的危险源，建立包含组织结构、职责、培训、信息沟通、应急准备与响应等要素的管理体系，持续改进职业健康安全绩效，目的是通过管理减少及防止因意外而导致的生命、财产、时间损失以及对环境的破坏。

2. 职业健康安全管理体系认证特点

（1）用科学化、系统化的方式方法，全面规范和改进企业职业安全卫生管理现状，保证企业综合经济效益的实现。

（2）ISO 45001 体系标准内容充实、可操作性强，对企业职业安全卫生管理有较强的推动和促进作用。

（3）可以全面有效地推动企业 OHS（occupational health and safety，职业健康安全）管理工作向科学化、系统化发展，这个优势是必然的。

（4）体系的运作，实际是为遵守法律法规提供保障。

（5）职业健康安全管理体系还体现了系统化、程序化和文件化，更有利于理解和贯彻。

3. 认证证书的有效期

职业健康安全管理体系认证的有效期是三年，期间每年要接受发证机构的监督审核（年检或年审），三年证书到期后，要进行复评或换证。

第六节　事故应急处置与调查

一、事故应急处置

在事故发生时，应采取消除事故危害和防止事故恶化、最大限度降低事故损失的措施。一些事故刚开始发生时，灾害范围和影响均较小，此时如果处置得当，就会将事故的影响降到最低，损失最少，甚至不发生损失。

1. 事故分级

根据《生产安全事故报告和调查处理条例》，按生产安全事故造成的人员伤亡或者直接经济损失，事故一般分为以下等级：

（1）特别重大事故，是指造成 30 人以上死亡，或者 100 人以上重伤（包括急性工业中毒，下同），或者 1 亿元以上直接经济损失的事故；

（2）重大事故，是指造成 10 人以上 30 人以下死亡，或者 50 人以上 100 人以下重伤，或者 5000 万元以上 1 亿元以下直接经济损失的事故；

（3）较大事故，是指造成 3 人以上 10 人以下死亡，或者 10 人以上 50 人以下重伤，或者 1000 万元以上 5000 万元以下直接经济损失的事故；

（4）一般事故，是指造成 3 人以下死亡，或者 10 人以下重伤，或者 1000 万元以下直接经济损失的事故。

上述所称的“以上”包括本数，所称的“以下”不包括本数。

2. 事故报告

事故发生后，事故现场有关人员应当立即向本单位负责人报告；单位负责人接到报告后，应当于 1h 内向事故发生地县级以上人民政府安全生产监督管理部门和负有安全生产监督管理职责的有关部门报告。

安全生产监督管理部门和负有安全生产监督管理职责的有关部门接到事故报告后，应当依照下列规定上报事故情况，并通知公安机关、劳动保障行政部门、工会和人民检察院：

（1）特别重大事故、重大事故逐级上报至国务院安全生产监督管理部门和负有安全生产监督管理职责的有关部门；

（2）较大事故逐级上报至省、自治区、直辖市人民政府安全生产监督管理部门和负有安全生产监督管理职责的有关部门；

（3）一般事故上报至设区的市级人民政府安全生产监督管理部门和负有安全生产监督管理职责的有关部门。

安全生产监督管理部门和负有安全生产监督管理职责的有关部门依照前款规定上报事故情况，应当同时报告本级人民政府。国务院安全生产监督管理部门和负有安全生产监督管理职责的有关部门以及省级人民政府接到发生特别重大事故、重大事故的报告后，应当立即报告国务院。

必要时，安全生产监督管理部门和负有安全生产监督管理职责的有关部门可以越级上报事故情况。

3. 事故应急预案

事故应急预案又称应急计划，是针对可能的重大事故，为保证迅速、有序、有效地开展应急与救援行动、降低事故损失而预先制定的有关计划或方案。它是在辨识和评估潜在的重大危险、事故类型、发生的可能性及发生过程、事故后果及影响严重程度的基础上，对应急机构职责、人员、技术、装备、设施（备）、物资、救援行动及其指挥与协调等方面预先做出的具体安排。应急预案明确了在突发事故发生之前、发生过程以及发生之后，谁负责做什么、何时做以及相应的策略和资源准备等，是及时、有序、有效地开展应急救援工作的重要保障。

生产经营单位应急预案分为综合应急预案、专项应急预案和现场处置方案。综合应急预案是指生产经营单位为应对各种生产安全事故而制定的综合性工作方案，是本单位应对生产安全事故的总体工作程序、措施和应急预案体系的总纲；专项应急预案是指生产经营单位为应对某一种或者多种类型生产安全事故，或者针对重要生产设施、重大危险源、重大活动防止生产安全事故而制定的专项性工作方案；现场处置方案是指生产经营单位根据不同生产安全事故类型，针对具体场所、装置或者设施所制定的应急处置方案。

企业应该按要求编制应急预案，在对预案进行评审和论证后向社会和员工公布，并开展培训与演练；当符合预案启动条件时，及时启动实施预案；当预案涉及的内容发生变化时及时修订预案。

4. 应急救援

（1）生产经营单位的应急救援。发生生产安全事故后，生产经营单位应当立即启动生产安全事故应急预案，采取下列一项或者多项应急救援措施，并按照国家有关规定报告事故情况：

① 迅速控制危险源，组织抢救遇险人员；

② 根据事故危害程度，组织现场人员撤离或者采取可能的应急措施后撤离；

③ 及时通知可能受到事故影响的单位和人员；

④ 采取必要措施，防止事故危害扩大和次生、衍生灾害发生；

⑤ 根据需要请求邻近的应急救援队伍参加救援，并向参加救援的应急救援队伍提供相关技术资料、信息和处置方法；

⑥ 维护事故现场秩序，保护事故现场和相关证据；

⑦ 法律、法规规定的其他应急救援措施。

（2）地方政府的应急救援。有关地方人民政府及其部门接到生产安全事故报告后，应当按照国家有关规定上报事故情况，启动相应的生产安全事故应急预案，并按照应急预案的规定采取下列一项或者多项应急救援措施：

① 组织抢救遇险人员，救治受伤人员，研判事故发展趋势以及可能造成的危害；

② 通知可能受到事故影响的单位和人员，隔离事故现场，划定警戒区域，疏散受到威胁的人员，实施交通管制；

③ 采取必要措施，防止事故危害扩大和次生、衍生灾害发生，避免或者减少事故对环境造成的危害；

④ 依法发布调用和征用应急资源的决定；

⑤ 依法向应急救援队伍下达救援命令；

⑥ 维护事故现场秩序，组织安抚遇险人员和遇险遇难人员亲属；

⑦ 依法发布有关事故情况和应急救援工作的信息；

⑧ 法律、法规规定的其他应急救援措施。

有关地方人民政府不能有效控制生产安全事故的，应当及时向上级人民政府报告。上级人民政府应当及时采取措施，统一指挥应急救援。

5. 现场应急处置

根据发生的事故类型，按照现场处置方案的要求及时采取措施，把事故的损失降到最低。虽然不同的事故有不同的处置方式，但一些大的原则是相通的。具体如下：

（1）“及时”的原则。包括及时撤离人员、及时报告上级有关主管部门、及时拨打报警电话和及时进行救助工作。

（2）“先撤人、后排险”的原则。即在发生事故或出现紧急险情之后，应首先将处于危险区域内的一切人员先撤出危险区域，然后再有组织地进行排险工作。

（3）“先救人、后排险”的原则。当有人受伤或死亡，应先救出伤员和撤出亡者，然后进行排险处理工作，以免影响对伤员的及时抢救和对伤员、亡者造成新的伤害。

（4）“先防险、后救人”的原则。在险情和事故仍在持续发展或险情仍未消除的情况下，必须先采取支护等安全保险措施，然后救人，以免使救护者受到伤害和使伤员受到新的伤害。救人要求“急”，同时也要求“稳妥”，否则，不但达不到救人的目的，还会使救助者受伤。

（5）“先防险、后排险”的原则。在进入现场进行排险作业时，必须采取可靠支护等合适的保护措施，以免排险人员受到伤害。

（6）“先排险、后清理”的原则。只有在控制事故继续发展和排除险情以后，才能进行事故现场的清理工作。但这一切都必须遵守事故的处理程序规定和得到批准以后，才能进行。

（7）“保护现场”的原则。在事故调查组未决定结束事故现场原状之前，必须全力保护好事故现场的原状，以免影响事故的调查和处理工作。保护事故现场是所有人员的责任，破坏事故现场是违法行为。但进行救人和排险工作时，在不破坏事故现场的要求下，为了确保救人和排险工作的安全，设置临时支护以阻止破坏的继续发展和稳定破坏的状态。在设置临时支护前，应先拍下现场全部和局部情况照片。

二、事故调查

1. 事故调查的目的和任务

事故发生后要迅速成立事故调查组开展事故调查工作。事故正在救援的，待救援工作基本结束后立即成立事故调查组。事故调查应当坚持实事求是、尊重科学的原则，及时、准确地查清事故经过、事故原因和事故损失，查明事故性质，认定事故责任，总结事故教训，提出整改措施，并对事故责任者依法追究责任。

事故调查由人民政府或人民政府授权、委托的有关部门组织进行，事故调查组由人民政府、安监、主管部门、监察、公安、工会等部门的有关人员组成，并应当邀请人民检察院派员参加，视情况也可以聘请有关专家参与。调查组成员如与调查的事故有直接利害关系则必须回避，调查组组长由市政府指定。

事故调查的主要任务是：①查明事故发生的经过、原因、人员伤亡情况及直接经济损失；②认定事故的性质和事故责任；③提出对事故责任者的处理建议；④总结事故教训，提出防范和整改措施；⑤撰写事故调查报告。

2. 物证收集、人证问询、现场勘查

询问当事人以及相关人员是还原事故发生过程和查明事故原因的最主要手段，所以人证问询是事故调查的最重要的步骤。问询时，事故调查人员既要与事故相关人员保持联系或尽可能使他们滞留在现场或相关区域，也要尽可能地避免事故相关人员之间及与其他有关人员的沟通。出于恐慌、畏惧担责等原因，被询问人员所说情况可能与事实有出入，事故调查人员问询时要注意被问询人员的细节陈述及相关事件间的逻辑关系。

物证收集和人证问询后调查组要对事故发生的相关情景进行复盘。

事故现场勘查是事故现场调查的中心环节。其主要目的是查明当事各方在事故之前和事发之时的情节、过程以及造成的后果。通过对现场痕迹、物证的收集和检验分析，可以判明发生事故的主、客观原因，为正确处理事故提供客观依据。全面、细致地勘查现场是获取现场证据的关键，无论什么类型的事故，现场勘查人员都要力争把现场的一切痕迹、物证甚至微量物证收集、记录下来，

对变动的现场更要认真细致勘查；弄清痕迹形成的原因及与其他物证和痕迹的关系，去伪存真，确定现场的本来面目。

（1）事故有关物证收集。通常收集的现场物证包括破损部件、碎片、残留物、致害物的位置等；在现场搜集到的所有物件均应贴上标签，注明地点、时间、管理者，重要物件应保持原样；对危害健康的物品，应采取不损坏原始证据的安全防护措施。

（2）事故事实材料收集。事故事实材料收集应包括以下内容：

① 与事故鉴别、记录有关的材料。a. 发生事故的单位、地点、时间；b. 受害人和肇事者的姓名、性别、年龄、文化程度、职业、技术等级、工龄等；c. 受害人和肇事者的技术状况、接受安全生产教育情况；d. 出事当天，受害人和肇事者什么时间开始工作、工作内容、工作量、作业程序、操作时的动作（或位置）；e. 受害人和肇事者过去的事故记录。

② 事故发生的有关事实。a. 事故发生前设备、设施等的性能和质量状况；b. 使用的材料，必要时进行物理性能或化学性能试验与分析；c. 有关设计和工艺方面的技术文件、工作指令和规章制度方面的资料及执行情况；d. 工作环境方面的状况，包括照明、湿度、温度、通风、道路工作面状况以及工作环境中的有毒、有害物质取样分析记录；e. 个人防护措施状况，包括有效性、质量、使用范围；f. 出事前受害人和肇事者的健康状况；g. 其他可能与事故致因有关的细节或因素。

（3）事故人证材料收集记录。在事故调查取证时，应尽可能对所有受害人及证人进行询问，同时也要对事故发生前的现场人员以及在事故发生之后立即赶到事故现场的人员进行询问。要保证每一次询问记录的准确性。询问见证人、目击者和当班人员时，应采用交流的形式，不应采用审问方式。

（4）事故现场拍照、录像及事故现场图绘制。

① 事故现场拍照、录像。在收集事故现场的资料时，可能要通过对事故现场进行拍照和录像来获得更清楚的信息。主要摄录的信息有：a. 显示事故现场和受害者原始存息地的所有照片；b. 可能被清除或被践踏的痕迹，如刹车痕迹、地面和建筑物的伤痕、火灾引起损害的照片等；c. 事故发生现场全貌。利用拍照或录像，获得较完善的事故信息内容。

② 事故现场图的绘制。对事故发生地点全面研究和照相之后，通常调查工作的一项重要任务是绘制事故现场图。主要绘制的图件包括：a. 事故发生地点坐标、伤亡人员相对于地理位置点的位置；b. 涉及事故的设备散落构件的位置并做出标记；c. 事故发生时留在地面上的痕迹；d. 必要时，绘制现场剖面图。事故现场图的形式，可以是事故现场示意图、流程图、受害者位置图等。

3. 事故分析

在证据收集和现场勘查完成后，事故调查组要进行事故分析，分析内容包括：①发生部位；②发生性质；③起因物；④致害物；⑤伤害方式；⑥不安全状态；⑦不安全行为；⑧其他情形。

在事故分析的基础上，确定事故发生的直接原因和间接原因。下列属于事故的直接原因：①机械、物质或环境的不安全状态；②人的不安全行为。下列属于事故的间接原因：①技术和设计上有缺陷，包括工业构件、建筑物、机械设备、仪器仪表、工艺过程、操作方法、维修检验等的设计、施工和材料使用存在问题；②安全生产教育培训不够，未经培训，缺乏或不懂安全操作技术知识时，应当综合考虑行为人的从业资格、从业时间、接受安全生产教育培训情况、现场条件、是否受到他人强令作业、生产经营单位执行安全生产规章制度的情况等因素。

多个原因导致生产安全事故发生的，应当分清主要原因与次要原因，合理确定主要责任和次要责任。对于负有安全生产监管职责的工作人员，应当根据其岗位职责、履职依据、履职时间等，综合考察工作职责、监管条件、履职能力、履职情况等，合理确定相应的责任。

4. 开展鉴定评估

事故调查中需要进行技术鉴定的，事故调查组应当委托具有资质的单位进行技术鉴定。必要时，事故调查组可以直接组织相关领域的专家进行技术鉴定。需要对直接经济损失进行评估的，事故调查组应当委托具有规定资质的单位进行评估。

5. 撰写事故调查报告

事故调查组应当编写事故调查报告，报告应当附具有关证据材料，事故调查组成员应当在事故调查报告上签署意见并签名。事故调查报告应当附具事故责任认定书，逐一明确有关单位和人员所负的事故责任，列出其违反的安全管理规定的名称和具体条文，并对其行为在事故发生中的作用、导致的后果及应当承担的责任等做出分析。事故调查报告应经相关决策机构审议，最终生效。

事故调查报告应当包括以下主要内容：①事故单位的基本情况；②事故发生的时间、地点、经过和救援情况；③人员伤亡和直接经济损失情况；④事故发生的原因；⑤事故的性质；⑥事故责任的认定以及对事故责任者的处理建议；⑦事故防范和整改措施；⑧事故调查组成员名单（注明单位、职务并签名）；⑨其他需要载明的事项。

三、事故处理

事故调查与事故处理，是两个相对独立而又密切联系的工作。事故处理的任务，主要是根据事故调查的结论，对照国家有关法律、法规，对事故责任人进行处理，落实防范重复事故发生的措施，贯彻“四不放过”原则的要求。所以，事故调查是事故处理的前提和基础，事故处理是事故调查目的的实现和落实。

提交的事故调查报告经批复后，有关机关应当按照批复，依照法律、行政法规规定的权限和程序，对事故发生单位和有关人员进行行政处罚，对负有事故责任的国家工作人员进行处分。事故发生单位对本单位负有事故责任的人员进行处理，涉嫌犯罪的，依法追究刑事责任。

按照批复的事故调查报告，有关机关和事故发生单位应当及时将处理结果报调查组牵头单位，事故调查组及时予以结案，出具结案通知书。事故结案应归档的资料有：①职工伤亡事故登记表；②事故调查报告及批复；③现场调查记录、图纸、照片；④技术鉴定或试验报告；⑤物证、人证材料；⑥直接和间接经济损失材料；⑦医疗部门对伤亡人员的诊断书；⑧发生事故的工艺条件、操作情况和设计资料；⑨处理结果和受处分人员的检查材料；⑩有关事故通报、简报及文件。

第三章

安全工程学什么

通过前面的学习，同学们已经知道什么是安全工程，安全工程主要干什么。本章介绍安全工程要学习哪些课程，有哪些实践环节，通过这些课程的学习要达到什么样的目的，以及如何学好这个专业。以结果为导向，我们先介绍安全工程专业的培养目标和毕业要求，然后再介绍课程体系和主要内容。

第一节　培养目标与毕业要求

一、培养目标

根据安全科学与工程类教学质量国家标准的要求，安全科学与工程专业类的培养目标为：根据现代经济和技术的发展要求，培养能从事安全科学研究、安全技术开发、安全工程设计、安全风险评估、安全监察与监管、安全检测与监控、安全生产组织管理、安全教育与培训、事故应急救援等方面的高级工程技术和管理人才。

当然，以上培养目标只是安全工程的专业能力目标，除能力要求外，一般专业人才培养目标中还会包括知识目标和素质目标。所以在制定人才培养目标时，各高校会根据自己的办学定位，结合专业的服务面向与办学特色，在对行业和区域特点以及学生未来发展需要进行充分调研与分析的基础上，准确定位并细化人才培养目标的内涵，以适应社会经济发展对多样化人才的需求。

按照中国工程教育专业认证标准要求，认证专业要有公开的、符合学校定位的、适应社会经济发展需要的培养目标。并且要定期评价培养目标的合理性，并根据评价结果对培养目标进行修订，评价与修订过程要有行业或企业专家参与。

二、毕业要求

1. 毕业要求

因为人才培养目标是学生在毕业后 5 年左右能够达到的职业和专业成就，为使学生在毕业 5 年后能够取得这样的成就，专业要为学生设置一定的毕业条件，从专业知识、专业技能和业务素质等方面提出要求，即毕业要求。毕业要求进一步分解成可衡量的指标点，依据毕业要求指标点构建合理的课程体系。

根据中国工程教育专业认证标准，专业应有明确、公开、可衡量的毕业要求，毕业要求应支撑培养目标的达成。毕业要求应完全覆盖以下内容。

（1）工程知识：能够用数学、自然科学、工程基础和专业知识解决复杂工程问题。

（2）问题分析：能够应用数学、自然科学和工程科学的基本原理，识别、表达、并通过文献研究分析复杂工程问题，以获得正确的结论。

（3）设计 / 开发解决方案：能够针对复杂工程问题设计解决方案，设计满足特定需求的系统、单元（部件）或工艺流程，能够在设计环节中体现创新意识，并考虑社会、健康、安全、法律、文化以及环境等因素。

（4）研究：能够基于科学原理，采用科学方法对复杂工程问题进行研究，包括设计实验、分析与解释数据，并通过信息综合得到合理有效的结论。

（5）使用现代工具：能够针对复杂工程问题，开发、选择与使用恰当的技术、资源、现代工程工具和信息技术工具，包括对复杂工程问题的预测与模拟，并能够理解其局限性。

（6）工程与社会：能够基于工程相关背景知识进行合理分析，评价专业工程实践和复杂工程问题解决方案对社会、健康、安全、法律以及文化的影响，并理解应承担的责任。

（7）环境和可持续发展：能够理解和评价针对复杂工程问题的工程实践对环境、社会可持续发展的影响。

（8）职业规范：具有人文社会科学素养、社会责任感，能够在工程实践中理解并遵守工程职业道德和规范，履行责任。

（9）个人和团队：能够在多学科背景下的团队中承担个体、团队成员以及负责人的角色。

（10）沟通：能够就复杂工程问题与业界同行及社会公众进行有效沟通和交流，包括撰写报告和设计文稿、陈述发言、清晰表达或回应指令。具备一定的国际视野，能够在跨文化背景下进行沟通和交流。

（11）项目管理：理解并掌握工程管理原理与经济决策方法，并能在多学科环境中应用。

（12）终身学习：具有自主学习和终身学习的意识，有不断学习和适应发展的能力。

2. 培养规格

（1）学制与学位。安全工程专业的基本学制为 4 年，实行完全学分制的学校可以适当调整为 3 ～ 6 年。安全工程本科专业所授予学位为工学学士学位。

（2）总学时或学分要求。总学分为 140 ～ 180 学分，总学时为 2100 ～ 2500 学时，各高校可根据具体情况做适当调整。

（3）人才培养要求。在思想政治、德育、体育、美育和劳动教育方面，教育部对本科教育有统一的标准要求，各高校按其执行即可，安全工程专业在业务方面的基本要求如下：

① 掌握从事安全科学与工程类工作所需的数学、物理学、化学等自然科学

基础知识，具备基本分析计算能力。

② 掌握基本的法学、文学、哲学、伦理学、艺术学、社会学、心理学等人文社会科学基础知识，能够为所从事的安全科学与工程类工作提供支持。

③ 掌握从事安全科学与工程类工作所需的力学、工程制图、机械设计、电工电子及相关行业等工程技术基础知识，具备基本安全设计分析能力。

④ 掌握行为科学、经济学、管理学、保险学等管理科学基础知识，具备基本安全经济分析能力。

⑤ 掌握安全原理、安全系统工程、安全人机工程、安全管理、安全法规、安全技术、职业安全健康、行业安全工程等方面专业知识，对于即将或主要从事的行业及领域熟悉其工艺特点、流程、工艺设备等，具备基本安全技术管理能力。

⑥ 掌握外语、计算机及信息技术、文献检索、方法论、科技方法、科技写作等工具性知识，能阅读本专业外文资料，具有一定的国际视野、交流与合作能力。

第二节　课程体系

一、专业标准对知识体系的要求

1. 知识体系

（1）通识类知识。通识类知识包括军事理论、法律、伦理、外语、人文、体育等基本内容；除国家规定的教学内容外，人文社会科学、外语、计算机及信息技术、体育、艺术等内容由各高校根据自身办学定位、人才培养目标和人才培养特色确定。

（2）学科基础知识。学科基础知识教学内容必须涵盖以下知识领域的核心内容：高等数学、线性代数、概率与数理统计、物理学、化学、力学、工程制图、机械设计基础、电工电子、计算机基础等。具体教学内容由各高校自行确定，并应符合教育部相关规定。

（3）专业知识。专业知识包括通用专业知识和行业专业知识。通用专业知识包括：安全科学原理、安全系统工程、安全人机工程、安全管理学、安全法学、安全经济学、安全心理学、安全行为学、职业安全健康、事故调查与处理、安全监管监察、应急管理等；行业专业知识包括：矿山安全、冶金安全、化工安全、建筑施工安全、火灾爆炸防治、机电安全、特种设备安全、噪声控制、通风除尘、防毒技术、辐射防护、交通运输安全等。

2. 主要实践性教学环节

具有满足教学需要的完备的实践教学体系，主要包括实验课程、课程设计、实习、毕业设计（论文）等。积极开展科技创新、社会实践等多种形式实践活动，让学生到各类工程单位实习，取得工程经验，基本了解本行业状况。

（1）实验课程。包括一定数量的软硬件及系统实验，包括安全设备及测量仪器仪表、相关软件和系统的使用方法。

（2）课程设计。根据课程性质，不少于 2 门专业主干课程安排课程设计。

（3）实习。建立相对稳定的实习基地，便于学生认识和参与生产实践。

（4）毕业设计（论文）。须制定与毕业设计（论文）要求相适应的标准和检查保障机制，对毕业设计课题、内容、学生指导、答辩等提出明确要求，保证课题的工作量和难度，并给学生有效指导。课题应结合本专业主要就业领域的工程实际问题，有明确的应用背景。培养学生的工程意识、协作精神以及综合应用所学知识解决实际问题的能力，同时注意培养学生的创新意识和能力、责任感和敬业精神，注意引导学生在工程设计中综合考虑经济、环境、社会、法律、伦理等各种因素的影响。

3. 课程体系构建要求

课程设置应能支持培养目标的实现，课程体系设计应有企业或行业专家参与。课程体系包括以下内容。

① 人文社会科学类通识课程（至少占总学分的 15%），使学生在从事工程设计时能够考虑经济、环境、法律、伦理等各种制约因素。

② 与本专业培养目标相适应的数学和自然科学类课程（至少占总学分的15%）。

③ 符合本专业培养目标的工程基础类课程、专业基础类课程与专业类课程（至少占总学分的30%）。工程基础类课程和专业基础类课程应能体现数学和自然科学在本专业应用能力的培养，专业类课程应能体现系统设计和实现能力的培养。

④ 工程实践与毕业设计（论文）（至少占总学分的20%）。主要指集中实践环节、单独设课课程学分，课内实验、实践学时不计入。应设置完善的实践教学体系，应与企业合作，开展实习、实训，培养学生的动手能力和创新能力。

二、主要课程及内容

1. 自然科学类课程

数学：微积分和解析几何、常微分方程、线性代数、概率和统计、计算方法等基本知识。

物理学：力学、振动、波动、光学、分子物理学与热力学、电磁学、狭义相对论力学基础、量子物理基础等。

化学：无机化学、分析化学、有机化学基础知识及其基本实验等。

自然科学是工科类专业最基础的知识，所有后续的工程基础课、专业基础课和专业课程学习都会用到自然科学知识。

2. 工程基础类课程

工程力学：包括理论力学和材料力学。理论力学又包括静力学、运动学与动力学三部分。静力学研究作用于物体上的力系的简化理论及力系平衡条件；运动学只从几何角度研究物体机械运动特性而不涉及物体的受力；动力学则研究物体机械运动与受力的关系，动力学是理论力学的核心内容。材料力学是研究材料在各种外力作用下产生的应变、应力、强度、刚度、稳定和导致各种材料破坏的极限。其基本任务是将工程结构和机械中的简单构件简化为一维杆件，计算杆中的应力、变形并研究杆的稳定性，以保证结构能承受预定的载荷；选择适当的材料、截面形状和尺寸，以便设计出既安全又经济的结构构件和机械零件。

工程流体力学：主要内容包括流体静力学、流体动力学、明渠流、堰流与闸孔出流、渗流、气体动力学基础、湍流射流等。后续的通风工程学、防火防爆理论与技术等课程要用到流体力学知识。

工程热力学：主要内容有热力系统、热力平衡、热力状态、热力过程、热力循环与工质、热力发动机、制冷机与热泵的工作循环、热能利用率和热功转换效率等。后续的流体力学、防火防爆理论与技术等课程要用到工程热力学知识。

电工与电子技术：包括直流电路、正弦交流电路、动态电路的分析、磁路与变压器、三相异步电动机、继电 - 接触器控制、工厂供电与安全用电、电工测量、运算放大器、直流稳压电源、逻辑门电路、触发器、D/A 和 A/D 转换器等内容。电工与电子技术是后面安全监测监控等课程的基础。

机械基础：投影、三视图、机件的表达方法、零件图、装配图、计算机绘图。机械工程材料、金属热加工基础、机械传动、液压与气压传动、机械加工等。

工程制图：画法几何及有关图学理论、构型设计、组合形体和轴测图的表达方法、制图规范、制图基本技能、专业图样绘制与阅读。

3. 专业基础类课程

安全科学原理：该课程是理论性较强的安全专业基础课程。该课程的学习使学生树立科学的安全观，掌握系统的安全科学理论与方法，为后续深入学习各门安全专业课和完成各项实践环节奠定坚实的理论基础，使学生具有较强的安全科学思辨和分析解决安全问题的能力，并对学生毕业以后从事安全生产工作提供指导。其主要内容为事故发生的社会科学与自然科学机制、事故的发生发展规律及事故致因理论等。

安全系统工程：安全系统工程是应用系统工程的原理与方法，分析、评价及消除系统中的各种危险，实现系统安全的一整套管理程序和方法体系。该课程主要内容有基本概念和理论、系统安全分析、系统安全评价、系统安全决策和系统安全设计等。通过课程的学习，学生了解系统、系统工程、可靠性等基本概念，能够应用系统安全分析方法对系统的危险因素进行风险分析，并运用系统安全评价方法评价系统的风险大小。掌握风险应对策略并针对具体系统提出风险防控措施。

安全人机工程：主要研究如何使人 - 机 - 环境系统的设计符合人的生理结构和心理特点，以实现人、机、环境之间的最佳匹配，使处在不同条件下的人能安全、高效和舒适地工作和生活。通过课程的学习培养学生的安全人机系统设计、人机系统安全分析与评价的基本能力。主要内容包括人体参数、人的感知与反应、人的心理特征、人的作业特征、显示器设计等。

安全管理学：对生产中的人、物、环境因素状态进行管理，有效控制人的不安全行为和物的不安全状态，消除或避免事故，达到保护劳动者的安全与健康的目的。课程主要内容有我国的安全管理体制和企业的安全管理模式、企业安全生产组织管理、安全规章制度、安全生产投入、教育培训、安全生产检查、建设项目“三同时”制度、安全生产监督、劳动防护用品管理、特种设备安全监察、重大危险源辨识与管理、安全生产管理体系等。通过课程的学习，学生能够了解安全监管的体制与机制、企业安全管理的主要方法。以使学生能够在企事业单位开展安全管理工作。

安全法学：主要包括安全生产法律体系、宪法、劳动法、安全生产法等安全生产基础法规，以及我国安全生产立法的改革趋势。通过课程的学习，使学生了解企业、从业人员和政府在安全生产中的责任，了解国家对矿山、金属冶炼、交通运输、建筑施工企业和危险化学品的生产、经营、储存单位安全生产管理的基本要求，了解对生产经营单位的安全生产保障、从业人员在安全生产中的权利和义务、政府的安全生产监督工作等。使学生能够判定安全生产的违法行为，能够依据法律法规制定安全管理制度及措施。

4. 专业类课程

火灾爆炸：主要包括燃烧与爆炸的机理、火灾与爆炸事故的发生发展规律、防火与防爆技术的基本理论、防火与防爆基本技术。通过课程的学习使学生了解火灾与爆炸事故的发生原因、不同类型燃爆物质的燃烧与爆炸规律，以及常见的防火防爆措施。使学生能够设计防火防爆系统，制定防火防爆措施，以及火灾爆炸事故救援方案。

电气安全：主要包括电气事故机理，通用防触电技术，电气线路与电气设备的安全技术，电气防火防爆工程，防雷安全与静电安全，电气安全管理。使学生了解常见的电气安全事故以及防范措施，了解有关电气安全法律法规，制定电气安全管理措施。

机械安全：主要包括机械安全的基本规律，常见危险机械的安全技术，常见的机械安全事故及防范措施。了解有关机械安全法律法规，制定机械安全管理措施。

特种设备安全：特种设备有锅炉、压力容器（含气瓶）、压力管道、电梯、起重机械、客运索道、大型游乐设施、场（厂）内专用机动车辆八大类。特种设备安全主要讲述这八类特种设备的分类与结构、工作原理、安全装置、安全检测检验、安全管理等。使学生了解特种设备基本结构、常见的事故类型及防范措施、特种设备安全管理要求，能够制定相应的安全管理措施。

通风安全工程：主要讲述作业场所有害物的来源与危害，通风原理与通风技术，有毒有害气体净化原理与方法，风量计算及通风机的选型。使学生了解通风方法、通风系统、通风机的种类等，能够设计工业通风系统并进行设备选型，制定有关生产系统的通风措施。

安全检测与监控：主要讲述安全检测与工业运行状态信息的关系，安全检测系统的组成和分类，安全检测监测技术与方法。通过课程学习使学生了解常见传感器的种类与工作原理，常见安全监控系统的结构与组成，能够针对具体的工业系统设计相应的安全监控系统。

5. 实践环节

具有满足安全工程专业本科教育需要的完备的实践教学体系，主要包括课程设计、专业实验、计算机应用及上机实践、认识实习、生产实习、科技创新、社会实践、毕业设计（论文）等多种形式，是培养学生工程实践能力和创新精神的重要环节。实践环节学分不得低于总学分的 20%。

（1）专业实验。专业实验课程是本科教学的重要环节。各高校可根据具体情况至少选择下列实验中的1/3进行安排：安全管理实验、环境参数测定、人机工程实验、设备的安全检测、气体检测与分析实验、防火防爆实验、安全信息采集综合实验、安全远程监测实验、火源监控实验、构件缺陷检测、电气设备安全检测实验、粉尘检测与分析实验、通风与除尘实验、工业装备安全在线监测实验、灾害防治仿真实验。

必开实验包括安全人机工程、设备的安全检测、防火防爆等。自选实验由各高校根据办学特色和教学计划安排。各高校可根据办学特色和教学计划安排其他实验。

（2）认识实习。认识企业事故发生状况、生产工艺与设备的主要危险与有害因素、基本的安全技术措施和管理措施。周期为1～2周。

（3）生产实习。熟悉安全生产工艺流程，掌握部分关键生产设备、装置的安全技术，主要包括所选的行业背景的生产工艺流程和生产设备、装置的安全技术措施，运用所学知识在企业进行应用实践。时间安排4～6周。

（4）毕业实习。应结合学生准备从事的专业方向，有侧重地进行毕业实习。熟悉实习单位的安全技术和管理体系，熟悉安全管理部门的职责及安全技术人员的职责和工作程序。主要搜集毕业设计（论文）所需资料。时间安排4～6周。

（5）课程设计。课程设计可以训练学生的课程知识综合运用能力。一般在理论课程学习完成后进行，属于集中性实践环节，时间为1～2周。如工业通风系统设计、防火防爆系统设计、安全人机系统设计、安全系统工程课程设计、安全管理学课程设计等。

（6）毕业设计（论文）。毕业设计（论文）可安排10～15周，课题应紧密结合生产和社会实际，难度、工作量适当，能体现专业综合训练要求；一般毕业设计（论文）50%以上应在实验、实习、工程实践和社会调查等社会实践的基础上完成。

三、不同培养方向课程体系示例

由于安全工程专业涉及的行业多，范围广。不同学校甚至同一学校的不同培养方向的课程体系也不完全相同。下面是不同培养方向的课程体系示例，其中括号内数字为建议理论学时数 + 实验学时数或者习题课学时数。

1. 煤矿方向课程体系示例

流体力学与流体机械（36+4）、安全系统工程（40）、安全管理学（32）、安全心理学（32）、安全经济学（32）、防火防爆理论与技术（36+4）、矿井通风（50+6）、矿井瓦斯防治（28+4）、安全监测监控（36+4）、安全人机工程（28+4）、矿山开采（38+2）、安全法规（32）、安全评价技术（32）、矿井火灾防治（28+4）、矿井粉尘防治（20+4）、专业计算机应用（20+20）、专业英语（32）、煤矿安全监察（24）、矿山救护（36+4）。

2. 工业方向课程体系示例

流体力学与流体机械（36+4）、安全系统工程（40）、安全管理学（32）、安全心理学（32）、安全经济学（32）、工业通风与除尘（30+2）、防火防爆理论与技术（36+4）、机械安全工程（28+4）、电气安全工程（24）、应急救援理论与技术（36+4）、安全监测监控（36+4）、作业环境空气检测（28+4）、工业防毒（32）、灾害学（32）、特种设备安全（32）、化工安全工程（36+4）、安全法规（32）、安全人机工程（28+4）、安全评价技术（32）、专业计算机应用（20+20）、专业英语（32）。

3. 石油方向课程体系示例

工程力学（56+8）、机械设计基础（56）、电工电子学（56+16）、计算机测控技术（52+4）、安全监测与监控（36+4）、安全系统工程（40）、安全评价技术（32）、安全人机工程（28+4）、工程热力学与传热学（36+4）、石油加工概论（32）、油气储运概论（32）、石油安全工程（或化工安全工程）（32）、工业安全技术（32）等。

4. 设计、评价、咨询方向课程体系示例

工程制图（80）、基础化学（56）、基础化学实验（24）、大学计算机基础实践（16）、微积分Ⅱ A（48）、微积分Ⅲ A（24）、线性代数Ⅰ（32）、大学物

理Ⅱ（120）、C++ 程序设计基础（48）、有机化学Ⅲ（40）、C++ 程序设计实践（32）、工程力学（64）、经济学基础（32）、概率论 B（32）、数理统计Ⅱ（24）、流体力学（32）、电工学Ⅰ（64）、物理实验Ⅱ（24）、工程热力学与传热学（48）、物理化学Ⅲ（48）、数据库技术及应用（32）、安全信息工程（32）、安全经济学（32）、可靠性分析（32）、电工电子实践Ⅱ（16）、制造工程训练Ⅱ（金工实习）(32)、机械设计基础Ⅱ（56）、安全人机工程（32）、资产评估概论（32）、环境工程（40）、安全监测技术（32）、安全系统工程（40）、安全教育学（24）、安全学原理（40）、计算机辅助设计（工程 CAD）(40)、安全法规（24）、爆炸与冲击（32）、可靠性分析（32）、地下结构可靠性（24）、消防工程（24）、职业卫生及工程（32）、压力容器安全技术（24）、工业通风与空调（32）、安全心理学（32）。

第三节　如何学好安全工程专业

1. 牢记使命，树立职业荣誉感

安全工作承担着保护生命健康和财产安全的神圣使命，安全工作者干的是防死防伤防损失的事业，所以我们的工作是伟大的光荣的。从事安全工作要具有拯救生命的职业荣誉感，学习安全工程要有这种自豪感。作为一名安全工程专业的学生，从入学开始就要建立这种荣誉感和自豪感，树立安全使命感。同时，同学们要将这种使命感内化于心，只有树立了这种使命感，学习动力才会源源不断，激励自己学好专业知识和技能。同学们还要将这种荣誉感和自豪感外化于行，要有“我学安全我光荣”“我干安全我光荣”的意识，以防死防伤和拯救生命的自信，让社会对我们充满信心，这样也会时时提醒自己，勤勉尽责，学好专业，做好安全工作。

2. 培养兴趣，增加学习的主动性

科学家爱因斯坦说过：“兴趣是最好的老师”。孔子在《论语》中也说“知

之者不如好之者，好之者不如乐之者”。培养对学习的兴趣，就会将学习变被动为主动，以学习为乐事，在快乐中学习，既能提高学习效率，又能够加深对知识的理解，这样学到的知识才能够灵活运用。如何培养对学习安全知识的兴趣呢，首先要建立职业敏感性，只要一听说发生事故了，马上就要上网搜一下，看看发生的是什么事故，事故的伤亡情况如何，是什么原因引起，通过对这一系列问题答案的探索，会逐步增加你对安全工作的认识，也会增加你对安全知识的学习兴趣。当然你也可以通过对其他方面的探究来提升自己对安全知识学习的兴趣，如对交通违章抓拍是怎么实现的、灭火弹为什么能够灭火等。一旦兴趣建立起来，就会主动学习安全知识、实践安全技能，学习效率会自然而然提高，也不觉得学习辛苦了，还很享受这个过程。

3. 珍惜时光，充分利用校园资源

大学校园是各类教育资源最为充足的地方。图书馆里的各种纸质和电子资料都是专业学习资源，有的学校图书馆还建有应急管理文献数据库、煤炭科技文献数据库等特色资源，这些资源在校外是难以获得。学校里的各种基础实验室和专业实验室为验证安全知识和提升专业技能提供了实践条件，同时也为开展科技创新训练和学术研究提供了环境条件。学校的运动场和体育馆，为你锻炼身体和提高身体素质，实现劳逸结合创造了运动条件。

除利用校内资源外，还要善于利用网络资源促进自己的专业学习。其中包括网络课程，领域内专家的博客、公众号，安全专业交流的微信或QQ群等。安全工程涉及范围广，各高校都有自己的专业特色，并且建设了不少具有专业特色的网络在线课程，这些课程免费共享，甚至有些课程还可以计算到自己的公选课学分。一些安全领域的学术专家也会在网上分享自己的研究进展和对某问题的看法，同学们可以通过他们的博客或公众号看到他们的分享，从而加深自己对专业知识的理解和拓展知识面。

4. 明确目标，学会时间管理

通过四年的大学生活，在毕业时要实现什么样的目标，是继续进行硕士研究生的学习，还是参加国家公务员考试，又或者是到企业做安全管理工作，入学后经过一段时间的熟悉和学习后，目标一定要定下来。目标确定后

就可以规划自己四年的大学生活。要实现规划的目标，时间管理是必不可少的。也就是要学会安排自己的时间，管理自己的事务。大学自由时间比较多，需要自己安排时间、计划时间、管理时间。管理时间需要注意的是，不是把所有时间全部用来学习。一方面要注意劳逸结合，要适当安排体育锻炼和娱乐；另一方面也要注意安排课外业余活动和社交的时间，提高自己的综合素质。

管理时间可以从这几个方面考虑：①学会列任务清单，通过任务清单来提醒自己，有哪些任务需要完成；②注意安排“不被打扰”时间，利用这段时间不受任何人或信息干扰地思考一些事情，或者做自己最重要的事情，这样的效率是非常高的；③学会反思自己的时间安排，通过反思就能知道自己的哪些“无用”事情耗费的时间太多了，要适当减少。当然还有一些其他的时间管理方法，大家平时注意收集，寻找适合自己的方法，以达到自己的目标。

5. 善于总结，培养自学能力

一般来说，新技术最先应用到生产领域，待技术成熟后才进入课堂，然后再写入教材。在这个知识爆炸的时代，科技可以说是日新月异。同学们只有具备了自学能力，才能够在未来的工作中游刃有余地学习新知识、新技术或新工具。大学生如何培养自学能力呢？平时要具有批判性思维，对每个知识点，都应当多问几个为什么。只有对所学知识真正理解，才能举一反三地学习其他知识，解决其他问题。

6. 收集案例，武装自己

古语云“不积跬步，无以至千里，不积小流，无以成江海”，从事安全工作是安全知识不断积累的过程。安全界中有句名言是“吸取别人教训，成就自己的事业”，意思就是善于从已发生的事故中找出自己的不足，防范自己单位发生类似事故。如何从其他事故吸取教训，平时要注意收集事故案例并分析。通过分析事故发生原因、演变过程以及造成的后果，可以加深自己对专业知识的理解，有助于专业课程的学习，也有助于理解一些安全法律法规的出台背景与原因。

7. 知识更新，永不落伍

日常安全监管工作最多的就是合规性检查，检查的依据是安全生产法律、法规、标准等。这些法律、法规、标准会随着技术的进步或某起事故的发生而不断更新变化，所以从事安全工作要注意跟踪这些政策及标准的变化，及时调整安全监管要求。学习安全工程专业的学生要有关注政策及标准变化的意识，当需要引用哪些标准时，可以想到相关内容，并看看这些标准有没有更新，或者这项政策有没有变化。日常浏览新闻、朋友圈或刷短视频等遇到涉及安全相关的新要求、新政策时要注意收藏，以备不时之需。

在这个科技爆炸的时代，及时跟踪安全前沿技术，对学好安全工程专业和以后从事安全生产工作非常重要。特别是在新修订的安全学科方向中把安全智能化单独作为一个研究方向，为未来安全科技的发展指明了道路。目前以本质安全为目的的“互联网＋安全”“智慧安全”方兴未艾，作为安全工程专业的学生要实时了解这些领域的技术发展。

第四章

安全工程专业毕业生的出口

安全工程专业学生本科毕业后主要有就业和升学两个出口，当然也会有个别学生选择创业。选择就业的学生主要是在工矿商贸等企事业单位从事安全管理或安全工程技术工作，或者在中介机构或科研院所从事安全评价、安全技术咨询、安全科技研发等工作，或者考取编制在政府机关或事业单位从事安全监察监管、应急救援等工作。升学的同学有的选择国内考研，有的选择出国留学。

第一节　安全工程专业考研

一、考研专业名称

安全工程专业毕业生可以报考的硕士研究生有学术学位和专业学位，两者的报考专业名称是不一样的。学术学位研究生可以选择两个，一个是选择工学门类下的安全科学与工程，专业代码是083700。另一个选择工学门类下矿业工程下的安全技术及工程，专业代码是081903。安全技术及工程是2012年学科专业目录调整前的招生专业名称，目前还有个别单位在按这个名称招生。专业学位研究生报考的是资源与环境（代码 0857）下的安全工程专业。关于学术硕士和专业硕士的区别见附录三。

二、学术硕士招生单位

据不完全统计，截至 2023 年 9 月，我国共有安全工程学术硕士学位授权点 67 个。其中包括 63 所高等院校和 4 家科研机构，4 家科研机构是煤炭科学研究总院、北京市科学技术研究院城市安全与环境科学研究所、中钢集团马鞍山矿山研究院、中钢集团武汉安全环保研究院。

67 个授权点中以安全科学与工程学位一级学位授权点招生的有 64 个，以安全技术及工程二级学位授权点招生的有 5 个。其中，昆明理工大学和武汉工程大学两所高校既按安全科学与工程学位一级学位授权点招生，又按安全技术及工程二级学位授权点招生；辽宁科技大学、中钢集团马鞍山矿山研究院、中钢集团武汉安全环保研究院 3 家单位是以安全技术及工程二级学位授权点招生。剩下的其他单位都按安全科学与工程学位一级学位授权点招生。

安全工程硕士授权点区域分布如下：

华北地区 19 所：清华大学 *[1]、北京交通大学、北京航空航天大学 *、北京理工大学 *、北京科技大学、北京化工大学、首都经济贸易大学、中国矿业大学（北京）、中国石油大学（北京）、中国地质大学（北京）、煤炭科学研究总院、北京市科学技术研究院城市安全与环境科学研究所、中国民航大学、天津理工大学、华北理工大学、石家庄铁道大学、中国人民警察大学、中北大学、太原理工大学。

东北地区 8 所：大连理工大学 *、沈阳航空航天大学、东北大学 *、辽宁工程技术大学、辽宁石油化工大学、哈尔滨理工大学、黑龙江科技大学、辽宁科技大学。

华东地区 19 所：华东理工大学、上海海事大学、南京理工大学、中国矿业大学、南京工业大学、常州大学、河海大学、江苏大学、中国计量大学、中国

---

[1] 带 * 号的为自主划定研究生复试分数线的院校。

科学技术大学 *、安徽理工大学、安徽建筑大学、中钢集团马鞍山矿山研究院、福州大学、江西理工大学、山东科技大学、中国石油大学（华东）、青岛科技大学、青岛理工大学。

华中地区 10 所：郑州大学、河南理工大学、武汉科技大学、武汉工程大学、中国地质大学（武汉）、武汉理工大学、中钢集团武汉安全环保研究院、中南大学 *、湖南科技大学、南华大学。

华南地区 1 所：华南理工大学 *。

西南地区 6 所：重庆大学 *、西南交通大学、西南科技大学、中国民用航空飞行学院、贵州大学、昆明理工大学。

西北地区 4 所：西安建筑科技大学、西安科技大学、长安大学、兰州理工大学。

三、专业硕士招生单位

安全工程专业硕士学位属于资源与环境类，据不完全统计，截至 2023 年 9 月，全国共有安全工程专业硕士招生单位 57 家，这 57 家全部是高等学校，按区域分布如下：

华北地区 16 所：北京理工大学、北京科技大学、中国矿业大学（北京）、中国石油大学（北京）、中国地质大学（北京）、天津理工大学、河北工程大学、河北工业大学、华北理工大学、石家庄铁道大学、中国人民警察大学、太原科技大学、中北大学、太原理工大学、内蒙古科技大学、华北科技学院。

东北地区 9 所：大连理工大学、沈阳航空航天大学、东北大学、辽宁工程技术大学、辽宁石油化工大学、沈阳化工大学、大连交通大学、沈阳建筑大学、大连大学。

华东地区 12 所：山东科技大学、中国石油大学（华东）、青岛科技大学、滨州学院、华东理工大学、南京理工大学、中国矿业大学、南京工业大学、常州大学、江苏大学、台州学院、安徽理工大学。

华中地区 7 所：江西理工大学、郑州大学、河南理工大学、郑州轻工业大学、武汉工程大学、武汉理工大学、湖南科技大学。

华南地区 4 所：福州大学、福建工程学院（现为福建理工大学）、华南理工大学、广东工业大学。

西南地区 6 所：重庆科技学院、四川大学、西南交通大学、成都理工大学、中国民用航空飞行学院、昆明理工大学。

西北地区 3 所：西安石油大学、西安科技大学、兰州理工大学

以上资料来源于中国研究生招生信息网（https：//yz.chsi.com.cn/，以下简称研招网）。由于安全工程专业学位（085702）归属于资源与环境类（0857）下，部分学校在研招网上的专业写的是资源与环境类（0857），所以有的招收安全工程专业学位的院校没有统计在内。

四、如何选择报考单位

如此众多的招生单位，在选择报考单位时要考虑哪些因素呢？选择报考单位可以考虑招生单位的排名和地理位置、安全科学与工程的学科水平、招生单位的类别、学校是否有安全科学与工程博士学位授予权、学校安全工程的主要研究方向等情况。

1. 学校排名与地理位置

虽然我们国家对高等学校没有官方的排名，但一些指标还是可以供咱们参考的。如是否是原 985 院校或原 211 院校，现在是不是双一流院校。一般来说，学校的层次越高，教学与科学研究水平越高，教师的课题数量多，课题层次高。这样学生参与课题的机会多，参与课题的层次高，受到的科研训练更全面。目标报考单位所在地理位置也十分重要，北上广地区经济发达，教育及科技投入也大，学校的教学和科研条件也相对较好。将来的就业岗位多，工资水平高。所以这些地区招生单位优势也较大。

2. 安全学科水平

安全学科水平可以参考学科评估的结果。学科评估是教育部学位与研究生教育发展中心（简称学位中心）以第三方方式开展的非行政性、服务性评估项目，2002 年首次开展，截至 2022 年完成了五轮。其由教育部学位与研究生教

育发展中心按照国务院学位委员会和教育部颁布的《学位授予与人才培养学科目录》对全国具有博士或硕士学位授予权的一级学科开展整体水平评估。评估结果体现了各院校的学科建设情况。学科评估由各单位自愿申请，评估结果按“分档”方式呈现。其按“学科整体水平得分”的位次百分位，将前 70% 的学科分 9 档公布：前 2%（或前 2 名）为 A+，2% ～ 5% 为 A（不含 2%，下同），5% ～ 10% 为 A-，10% ～ 20% 为 B+，20% ～ 30% 为 B，30% ～ 40% 为 B-，40% ～ 50% 为 C+，50% ～ 60% 为 C，60% ～ 70% 为 C-。按照第四轮评估结果，安全学科获得 A+ 的有中国矿业大学、中国科学技术大学两所高校，获得 A- 的有河南理工大学、中南大学和西安科技大学三所高校。近几年，清华大学、安徽理工大学和山东科技大学的安全学科发展也不错。

除学科评估结果外，还可以参考国家“双一流”建设情况，按照教育部、财政部和国家发改委公布的第二轮“双一流”建设学科名单，中国矿业大学、中国科学技术大学、中国矿业大学（北京）的安全学科在列。

3. 招生单位的类别

从前面招生单位名单中可以看出，招生单位分两类，即高等院校和科研机构。两类招生单位各有特点，可以根据自己的具体情况来选择。

高等院校招生名额多，教育机构完整，培养正规，基础课程培养扎实，项目与指导教师有关，有的指导教师项目较多，受到的科研训练会较多。科研机构招生名额较少，但科研项目多，科研训练充分，助研补贴高，如果表现优秀有直接留下工作的可能。

4. 招生单位是否有博士学位授予权

报考研究生时最好选择有安全科学与工程博士学位授予权的单位，这样的招生单位整体的学科建设水平较高。对于打算攻读博士学位的同学们来说，在这些单位攻读研究生有可能获得直博或硕博连读的机会。

目前我国安全科学与工程学科具有博士学位授予权的高校如下。

华北地区 11 所：清华大学、中国矿业大学（北京）、中国石油大学（北京）、中国地质大学（北京）、煤炭科学研究总院、北京交通大学、北京航空航天大学、北京理工大学、北京科技大学、中国民航大学、太原理工大学。

东北地区 4 所：大连理工大学、东北大学、辽宁工程技术大学、黑龙江科技大学（特需项目）。

华东地区 7 所：中国矿业大学、南京工业大学、常州大学、中国科学技术大学、安徽理工大学、山东科技大学、中国石油大学（华东）

华中地区 7 所：河南理工大学、武汉科技大学、中国地质大学（武汉）、武汉理工大学、中南大学、湖南科技大学、南华大学。

西南地区 1 所：重庆大学

西北地区 1 所：西安科技大学

5. 学科的重点研究方向

安全学科是新兴的交叉学科，且安全工程涉及的领域范围较广。虽然都是安全学科，但各个招生单位的重点研究方向却千差万别。如以中国矿业大学为代表的原煤炭系统高校和以中南大学为代表的原冶金系统高校的重点研究领域是矿业安全，依托火灾科学国家重点实验室的中国科学技术大学的重点研究方向是火灾安全。各招生单位的主要研究方向大致可以分为矿业安全类，石油化工类，建筑施工类，火灾安全类，爆炸安全类，交通安全类，特种设备类，航空安全类，通用安全类、公共安全类等。

矿业安全类：中国矿业大学、中国矿业大学（北京）、中南大学、重庆大学、北京科技大学、煤炭科学研究总院、东北大学、太原理工大学、辽宁工程技术大学、西安科技大学、华北理工大学、安徽理工大学、山东科技大学、中钢集团马鞍山矿山研究院、中钢集团武汉安全环保研究院、河南理工大学、贵州大学、湖南科技大学、河北工程大学、华北科技学院、内蒙古科技大学、黑龙江科技大学、辽宁科技大学、江西理工大学、昆明理工大学、西南科技大学、武汉工程大学、武汉科技大学、中国地质大学（武汉）、南华大学、成都理工大学、太原科技大学

石油化工类：北京化工大学、中国石油大学（北京）、中国石油大学（华东）、常州大学、沈阳化工大学、重庆科技学院、西安石油大学、青岛科技大学、辽宁石油化工大学、兰州理工大学、河北工业大学、大连理工大学、南京理工大学、南京工业大学、滨州学院

建筑施工类：石家庄铁道大学、沈阳建筑大学、西安建筑科技大学、安徽建筑大学、青岛理工大学、河海大学、大连大学

火灾安全类：中国科学技术大学、中国人民警察大学

爆炸安全类：北京理工大学、中北大学

交通安全类：北京交通大学、西南交通大学、大连交通大学、上海海事大学、

特种设备类：中国计量大学、华东理工大学

航空安全类：北京航空航天大学、中国民航大学、中国民用航空飞行学院、沈阳航空航天大学

通用安全类：首都经济贸易大学、天津理工大学、福建工程学院、四川大学、哈尔滨理工大学、中国地质大学（北京）

公共安全类：清华大学、北京市科学技术研究院城市安全与环境科学研究所、武汉理工大学、长安大学、华南理工大学、江苏大学、郑州大学、福州大学、郑州轻工业大学、广东工业大学、台州学院

需要注意的是，上面的分类不是绝对的，只是大致的分类。有的招生单位行业色彩特别鲜明，容易归类。有些学校的行业特征不明显，就只是根据主要师资的研究生方向进行了简单划分。同时有的单位虽然主要研究方向是矿山安全，但该单位有研究生导师从事其他方向的研究。这需要同学们在报考时查看研究生导师的主要研究方向。对于了解导师的研究方向，除看导师简介外，还可以在文献数据库查看该导师所发表的学术论文，或该导师指导的学生的学位论文。

6. 其他因素

除上述因素外，根据自己的报考类别是学术硕士，还是专业硕士，在相应类别的报考单位中选择。有的学校学术硕士和专业硕士都招生，有的单位只招收专业硕士，还有的单位只招收学术硕士。

除上述招生单位外，还有些学校也可以接受安全工程学生专业报考，只是报考的专业不是安全工程，而其他相关专业。主要原因是这些学校没有安全工程专业硕士点，但有相关学科的硕士点，且有安全工程专业的指导教师。那么

这些指导教师就会在相关专业招收研究生从事安全工程方向的培养。如有些学校安全工程专业的导师会在矿业工程、环境工程、土木工程等相关专业下招收安全工程方向的研究生。

五、如何准备读研

如果已打算攻读硕士研究生了，那么大学期间就要为此做一些准备工作。这种准备工作包括两方面，一方面是参加研究生考试准备，另一方面是攻读研究生的准备。具体来说，就是尽量做到以下几方面。

1. 打好基础

所谓的打好基础就是把大学的所有课程要学好。因为不管是专业硕士还是学术硕士，研究生都要比本科高一个层次，所以研究生对知识的掌握程度和能力的熟练程度要求都较高。前面讲学科时提到过，学科是一个知识体系，你在大学所学的课程就是按这个体系来设计的。如果有一门课程没有学好，你的知识体系就不完整，就是说有缺陷。只有具备完整的知识体系，才能在考研和读研时都游刃有余。

特别需要注意的是，千万不要为了考研而只学习研究生入学考试的几门课，而忽略了其他课程的学习。如果那样的话，有可能可以通过考研初试，但复试时，就会出现一问三不知的情况，大大影响复试成绩。即使勉强通过复试被录取了，在读研的过程中，做课题和写论文时也会因为知识的缺乏而受到限制。

2. 积极参加科技创新训练

大学期间，学校会安排学生参加创新创业活动，有些专业的培养计划中还设置有专门的课程，以培养大学生的创新创业能力。创新创业活动是科研训练的启蒙，通过参加这些活动，一方面可以提升实践动手能力，另一方面有助于提升对科学研究的兴趣。当然如果科技创新作品新颖实用，还可以参加省级乃至国家级的科技创新大赛。若在这些大赛上获得名次也有利于研究生复试。

如何获得科技创新训练的机会呢？一方面要善于思考，在课程学习或实践过程中的思考和技术改进可以和教师交流，或查文献看是否已有了解决方案。如果没有就可以设计自己的方案，然后通过申请科技创新项目或学校的开放性实验来实现自己的方案。另一方面可以主动和自己的专业老师联系，参与老师的科研课题来训练自己的科技创新能力。另外，有些实行本科生导师制培养的学校，会为本科生配备指导教师，学生要积极主动地请指导教师给自己安排科技创新任务。

3. 注重实践环节的锻炼

课程体系中的实践教学环节就是为训练学生实际操作技能所设立的，学生要把握好机会来提升自己的动手能力。这些实践教学环节包括学校安排的所有课程实验和集中性实践环节，如各类实习实训、课程设计等。另外学生要善于利用寒暑假到相关单位开展实习活动。另外也可以以打工的形式开展实习，这样既接触了社会，又可以获得工作经验。通过实践教学环节的训练可以大幅提高动手能力。

4. 注意工具软件的学习

攻读硕士研究生时，需要做实验、处理数据、分析资料、写论文、做 PPT 汇报等。这些工作都会用到工具软件，包括办公软件、绘图软件、数据处理软件、数值模拟软件等。通过本科阶段的学习，学生一般要能熟练使用办公软件（WPS 或 Office），学会使用一门程序设计语言，学会使用一个图片处理软件，学会使用一个数据处理软件，学会使用一个作图软件。如果还能学会使用一个数值模拟软件，那就更好了。

5. 注意事故案例的收集与分析

安全工程专业是预防及处理事故的，作为安全工程专业的学生要具有职业敏感性，注意事故案例的收集与分析。对于一般事故，要了解事故发生的原因、后果、事故的过程。对于典型事故或重大事故，要找到事故的调查报告，详细了解事故的发生发展、事故的直接和间接原因。分析事故案例一方面有助于理解本专业知识，另一方面可以了解安全科技在哪些方面还存在短板和不足，有利于选择科研方向。

第二节　安全工程专业就业

一、就业单位类型及工作岗位

1. 主要就业单位类型及工作内容

安全工程毕业生的就业单位类型可以概括为四种，分别是企业、政府机关、科研院所、中介机构。不同类型单位的安全专业技术人员从事的工作内容不尽相同。企业的安全技术人员负责企业的风险评估、隐患排查、安全检测、技术措施编制、工程设计、安全生产责任制编制、安全检查、信息管理、教育培训、应急救援、事故调查等。作为安全生产监管部门的政府机关主要负责国家安全生产法律法规的落实，其具体工作内容有行政审批、监管监察、安全信息管理、应急救援、事故调查等。科研院所主要开展安全工程设计、科技研发等，为企业提供安全技术服务。安全生产中介机构主要业务有安全评价、检测检验，接受企业委托开展安全管理咨询、隐患排查等。

2. 主要工作岗位及工作内容

作为一名安全工程专业的毕业生，可以从事的工作岗位有安全生产管理岗、安全工程技术岗、安全行政管理岗、安全科技研发岗、安全教育培训岗、安全技术服务岗、应急救援指挥岗等。

① 安全管理人员，主要在企事业单位从事安全制度建设、安全检查、安全生产分析、安全信息管理、安全培训及管理、安全风险分级管控、事故隐患排查治理、特种作业安全管理、职业健康安全管理体系建设、应急预案编制与演练、安全文化建设、实施安全生产标准化、安全生产规划及计划的编制等工作。

② 安全工程技术人员，主要在企事业单位从事安全工程的设计、检查验收、运行维护、检测检验、应急处置、安全技术措施的编制等工作。

③ 安全行政管理人员，主要在政府部门或相关事业单位从事行政审批、监管监察、事故应急救援与调查处理、安全信息管理、事故的统计分析、拟定相关安全生产规程或标准、安全生产考核、指导企事业安全生产、安全生产宣传

教育等工作。

④ 安全科技研发人员，主要在科研院所从事安全科学研究、安全新技术研发与推广、安全新产品的开发与推广等工作。

⑤ 安全教育培训工作者，主要在高等院校或职业技术学校从事安全工程人才培养工作，在安全培训机构以及企事业单位从事课程开发与教学等工作。

⑥ 安全技术服务人员，主要在安全中介机构从事安全评价、安全咨询、检测检验、安全技术服务等工作。

⑦ 应急指挥人员，主要在应急救援机构从事事故的救援方案制定以及应急救援指挥等工作。

3. 企业安全生产组织机构

前述的工作岗位主要分布于各类的安全生产组织机构中，其中企业是提供安全工程就业岗位最多的单位，这里重点介绍企业的安全生产组织机构。

《安全生产法》第二十四条规定，矿山、金属冶炼、建筑施工、运输单位和危险物品的生产、经营、储存、装卸单位，应当设置安全生产管理机构或者配备专职安全生产管理人员；前款规定以外的其他生产经营单位，从业人员超过一百人的，应当设置安全生产管理机构或者配备专职安全生产管理人员；从业人员在一百人以下的，应当配备专职或者兼职的安全生产管理人员。

根据上述规定，矿山、金属冶炼、建筑施工、运输单位和危险物品的生产、经营、储存、装卸，这些高危行业和从业人员超过一百人的其他生产经营单位一般设置有安全生产管理机构，一些规模较小的单位则配备专职安全生产管理人员。为此，这些单位一般都设置了从公司领导到基层班组的安全生产管理机构。这些机构就是将来你对口就业的主要部门。不同单位的安全生产管理机构不完全相同，下面以常见的三层级的煤炭生产集团公司为例说明企业的安全生产组织机构。

① 先说最基层的，即煤矿这一级，一般设有安全副矿长（分管安全的矿领导）和安全副总工程师（安全技术负责人，协助总工程师负责安全技术方面的工作）。在安全机构设置上，一般煤矿会有四个直接和安全生产相关的机构，分别是安全检查科（安全生产监管部门，有的单位叫驻矿安全监察处）、通风区

（科、队，安全工程部门）、教育培训科（教育培训部门）、矿山救护队（应急救援部门）。安全检查科负责全矿的安全监督管理工作，直接由主管安全的副矿长领导，科内设置正、副科长，技术主管，技术员和各专业的安全检查员等岗位；通风区（科、队）负责全矿的“一通三防”工程，包括矿井通风、瓦斯防治、火灾防治、粉尘防治等与通风相关的安全工程。通风区（科、队）管理层主要有区（科、队）长、副区（科、队）长、技术主管、技术员等岗位，区（科、队）下设通风、瓦斯防治、粉尘防治、安全监测、仪器仪表等班组。通风区（科、队）的设置与权限各集团公司不尽相同，一般设置通风区，既负责“一通三防”工程，也承担职能部门的工作，负责监督指导其他单位落实本单位职责内的“一通三防”管理。还有一种设置方式是煤矿设置通风科，属于职能部门，下设通风队，由通风队具体负责“一通三防”工程管理。对于一些专项灾害比较严重的煤矿，还会设置专门的机构负责专项灾害的防治，如设置瓦斯治理科，也有的叫瓦斯抽采科，负责矿井瓦斯抽采及矿井防治煤与瓦斯突出工作；教育培训科负责全矿的安全培训工作。科内有科长、培训教师等岗位。也有的单位由安全检查科负责安全培训、安全宣传工作；矿山救护队有的是矿自己设置，也有的是二级集团公司设置，然后向各矿派驻，负责矿山应急救援工作。

② 到了二级集团，设有分管安全生产的集团领导（安全副总经理或安全总监）和安全生产技术负责人（安全副总工程师，协助总工程师处理安全生产技术问题）。从机构设置上，二级集团一般设置安全监察局（安全生产监督管理部门）、通风处（部）（“一通三防”安全工程业务指导部门）、教育培训中心（安全培训部门）、矿山救护大队（应急救援部门）。安全监察局设有局长、副局长、主任工程师等岗位和相关安全监管业务科室，负责整个集团的安全生产监督管理。通风处设有处长、副处长、主任工程师等岗位和相关安全工程业务科室，负责集团“一通三防”工程业务指导。教育培训中心负责集团和所属各矿高级别的安全培训工作。矿山救护大队设有队长、副队长、技术主管等岗位和若干救护中队，负责整个集团和协议单位的事故应急救援和危险性较大的工作。

③ 到了大集团，一般设置分管安全生产的集团领导（安全副总经理或安全总监），同时还设有安全副总工程师，协助集团安全技术负责人处理全集团的安全技术问题。从机构上说大集团下设有安全监管机构，有的叫安全监察局，也

有的叫安全监察部、安健环部等，名称不尽相同。这些大集团的安全管理人员和机构负责整个集团的安全生产监管。

以上是一般煤炭企业的安全生产组织机构，各级管理人员和各级安全生产管理机构的名称可能有些差异，各企业的安全生产管理机制也不完全相同，但主要的管理机构和管理职责大致相同。由于煤炭行业的特殊性，所以煤炭企业的安全生产组织机构中多了一个专业负责安全工程的部门，在其他行业企业不一定设置该部门。

二、如何就业

1. 考研还是就业

考研还是就业？许多同学可能在收到大学录取通知书就开始思考这个问题，入学后同学们之间可能也会讨论这个问题。有些同学认为考研与就业有冲突。事实上考研与就业本来就不矛盾，因为无论你未来打算考研还是就业都需要好好学习。如果同学想进入政府机关、进事业单位、进企业等单位工作，而这些工作机会现在都必须通过考试才能获得，也就是常说的“逢进必考”。首先大家都知道的当公务员必须要考试，一般的事业单位要获得编制也需要考试，央企或国企的总部机关也需要考试。所以说关于就业还是考研的纠结大可不必，大家只要好好学习就行。

2. 就业指导

关于一般的就业技巧，如简历制作、复试攻略等，大家可以通过各种渠道获取，这里不再赘述。下面主要针对安全工程专业的特点谈谈如何就业。

（1）提升自己的就业素养。安全生产工作的政策性强，国家对安全生产的监管会越来越严，要求会越来越高，这是由安全本身的性质决定的。安全的相对性决定了社会公众对安全要求越来越高，国家必然会顺应这一要求，加强安全监管。作为安全工程专业的学生要认清这一趋势，时刻关注国家安全生产监管的政策，提高自主学习能力，提升岗位胜任能力。同时，好的学习成绩和优秀的综合素质都会是你就业的加分项。

（2）要消除就业恐惧感。由于安全工作涉及的行业领域多，各行业都有自己的安全法律、法规、标准，这造成学生担心学校背景领域与就业领域不同而不能胜任就业领域的安全技术与管理工作。同样，由于安全工程的课程多，但是限于总学分的要求，许多课程内容只能提及一下，不能深入讲解，这让许多同学觉得自己好像什么都学了，但什么也学得不深入，担心自己学习的知识和技能到工作单位后不够用；还有些同学在学校学习成绩一般，觉得自己没学好，担心到单位后不能胜任工作岗位。凡此种种，安全工程专业的学生或多或少总会存在一些就业恐惧感。其实，同学们完全不必担心，原因如下。第一，前面提到过，一般新技术首先应用在企业，然后再进到大学课程和教材。也就是说学校学到的知识本身就有一定的滞后。所以，到单位以后还需要学习才能适应工作岗位。第二，为使新入职的员工能够快速胜任工作岗位，就业单位会对新进员工安排培训，并且还会为新员工安排师傅带着从事岗位工作。第三，新员工有一年的实习期，这一过程就是通过单位培训和师傅的指导，让新员工快速学习岗位知识与技能。因为是有目的的学习，所以学习效率高得多，很快就会胜任工作岗位。第四，大部分的工作单位的包容性还是非常强的。即使有些人真的不适合招聘的工作岗位，就业单位也会把他调到其他岗位。

（3）增强就业的针对性。从前面介绍安全工程研究生的招生单位可以看出，大部分招生单位还是具有一定行业背景的，同样行业背景高校培养出来的毕业生自然会带有一定的行业色彩。相应地，这些学校的毕业生在所在行业被认可度较高。所以找工作时，如果本人不排斥学校的背景行业，可以优先在这个行业内选择就业单位。当然，选择这个行业并不是非要去行业内的生产企业就业。比如，一些学校行业背景是煤炭，这些学校的学生在找工作不一定非要去煤矿，可以选择一些和煤炭行业相关的政府机关、事业单位、科研院所，以及一些为煤炭行业服务的中介机构等。还有些同学可能会排斥某个行业，这样的同学可以避开这个行业选择其他行业的相关单位。

（4）增强就业的主动性。就业的主动性就是自己主动联系就业单位，而不是只参加学校举办的招聘会或只浏览网上的招聘信息，被动选择就业单位。当确定了自己就业的目标地域和目标行业后，按前面介绍的就业单位类型和就业岗位看看自己的目标地域和目标行业有哪些适合自己就业的单位，并按自己的意愿程度给这些单位排序。然后逐个打电话给他们的人事部门（一般单位网站上会公布负责招聘部门的电话），了解他们是否有招聘计划，以及他们是否参加自己学校的校园招聘。了解的结果一般有四种情况。第一种是有招聘计划且参加自己学校的校园招聘；第二种是有招聘计划不参加自己学校的校园招聘，但参加其他学校的校园招聘；第三种是有招聘计划但不参加任何学校的校园招聘；第四种是无招聘计划。对于第一种和第二种情况，你直接拿简历参加他们的校园招聘即可。对于第三种和第四种情况，你把简历都给这些单位发过去。有些单位是在网上报名参加招聘的，按他们网站的指引完成报名即可。投放完简历不要只是等待，可以时不时给他们负责招聘的部门打个电话，了解一下他们招聘的进展。如果他们招聘的人少，且需求又不太急，可能对简历的处理没有那么及时。这时你打电话联系可能就给自己争取到机会。

企事业单位一般都会有人才培养与储备计划，他们要从工程技术人员中培养人才成为管理人员，随着工程技术人员被提拔为管理人员，工程技术人员就需要及时补充。所以他们每年都会招聘一批工程技术人员，作为储备人才进行培养。招聘时有可能参加校园招聘，也有可能不参加校园招聘。如果招聘单位不参加校园招聘，你主动联系这些单位，就等于给自己增加了就业机会。

3. 考公务员与考事业编制

考公务员与考事业编制是安全工程专业学生就业方向之一，安全工程专业对口的政府机关是各级应急管理部门、有关行业的安全主管部门和应急救援管理部门等。安全工程专业对口的事业单位主要有应急管理系统的安全技术服务部门、安全教育培训部门等。

（1）考公务员。公务员是指依法履行公职、纳入国家行政编制、由国家财政负担工资福利的工作人员。公务员考试分为中央和地方两种形式。国家公务员考试（以下简称国考）是指中央、国家机关以及中央国家行政机关派驻机构、垂直管理系统所属机构录用机关工作人员和国家公务员的考试。地方的公务员考试是指地方各级党政机关，社团等为招录机关工作人员和国家公务员而组织进行的各级地方性考试。中央和地方考试单独进行，考生根据自己要报考的政府机关部门选择要参加的考试，也可同时报考，相互之间不受影响。中央公务员考试和地方考试性质一样，都属于招录考试，考生填报相应的职位进行考试。

国考考试科目分为笔试和面试。国考笔试分为公共科目和专业科目，公共科目包含行政职业能力测试（以下简称行测）和申论，公共科目是所有考生必须考的科目。专业科目是部分要求有专科科目考试的岗位要考察的科目。国考面试包含结构化面试、无领导小组面试、半结构化面试、结构化小组面试。

（2）考事业编制。事业编制是指国家为创造或改善生产条件、增进社会福利，满足人民文化、教育、卫生等需要为事业单位设置的人员编制，各级组织人事部门根据编制调配人员，财政部门根据编制拨付人员经费。

事业编制的考试科目针对招聘岗位的不同有差异，一般考行测（多数包含公共基础）和申论，部分岗位需要加专业测试。

三、安全工作者应具备的职业素养及职业能力提升

1. 安全工作者应具备的职业素养

安全工作不但关乎一个单位的职工生命健康和财产安全，而且更关乎着单位生产经营秩序的稳定，它的重要性对任何单位都是不言而喻的。作为一单位的安全管理人员承担着监督管理安全生产法律法规、安全规章制度和安全措施在单位执行与落实的责任，要做好此项工作，就要具备一定的职业素养。具体来说，可以概括为以下五个方面。

一要具备优良的政治品格。安全工作者应有坚定的政治方向，不断加强政治理论学习，认真贯彻执行国家的安全生产方针、政策、规章制度，严格履行安全监督检查和管理职责，具有保护人民生命财产安全意识，敢于坚持原则，尽职尽责。

二要具备过硬的业务素养。业务熟练是做好安全工作的基础，是安全管理人员的基本素养。安全管理涉及安全法规、政策，而且还涉及单位生产中各道工序的生产技术标准，事故处理中涉及职工切身利益，办起事来比较麻烦、阻力大，这就需要过硬的业务素养。除掌握过硬的政策理论水平外，还要精通专

业技术，更需要具备一定的管理艺术。要在工作中养成细致严谨的工作作风，在把握安全政策法规、专业技术的基础上，开阔视野，不断提高发现问题、解决问题的能力。

三要有高尚的道德情操。前面说过，安全工作者承担着保护职工生命健康和国家财产安全的神圣使命，安全工作者干的是防死防伤防损失的事业。所以从事安全工作一方面要具有拯救生命的职业荣誉感和使命感，另一方面也要树牢自己的道德责任，时刻铭记自己的工作失职就意味着有人可能失去生命，有人可能受到伤害。在工作中要严格遵章守纪，不搞歪门邪道，不以权谋私，不弄虚作假，要求真务实、克己奉公。

四要有勤勉的敬业精神。在职业荣誉和使命的感召下，安全工作者要爱岗敬业、忠于职守、无私奉献、忘我工作。在强烈责任感的驱使下，安全工作者要培养自己求真务实的严细工作作风，以精雕细琢的工匠精神和事必躬亲的实干精神，抓好安全管理。

五要具备良好的心理素质。作为安全管理人员，工作繁忙，事务繁杂，经常因为处理违章而招来埋怨，甚至谩骂。这就要求安全管理人员要有良好的心理素养，正确处理外界和自身缘由造成的心理负担和压力。一个优秀的安全管理人员要有事业心，喜爱本职工作，把自己的工作与单位利益和职工生命安全相联系。要有责任感、自信念和自制力，平常要同职工广交朋友，设身处地为职工着想，力所能及帮助职工解决工作中的难题，处理问题要心平气和，擅长控制自己情绪，宽容大度，以理服人、以法“治”人。

2. 安全工作者的职业能力提升

当前社会正处于深刻变革和快速发展的阶段，在这个阶段，新技术、新工艺、新设备、新材料（以下简称四新）不断出现，随之而来的就是新风险。同时人们生活水平的提高和社会文明的进步，国家和社会对安全水平的要求也越来越高。新风险的防控和不断提升的安全需求迫使安全工作者要不断提升自己的职业能力，以适应经济和社会的发展。安全职业能力提升的途径包括以下几方面：

一是积极参加教育培训。作为一名安全管理人员参加教育培训是履行《安全生产法》法定义务的要求，同时也是搞好安全管理工作的要求。通过参加教育培训可以了解最新的安全相关法律法规、政策方针，了解相关行业的安全科学与技术进步。

二是多与相关人员交流。通过参加学术研讨、写信沟通等多种方式与相关人员开展交流。交流是多方面的，包括与同行的交流、与工艺流程设计人员的交流、与专家学者的交流、与政府监管人员的交流等。通过这些交流研讨，可以借鉴同行的一些好的经验与做法。通过与工艺流程设计人员交流，可以更好地从源头管控风险防范事故的发生。通过与政府监管部门的交流，可以提前了解一些安全监管方面的方针政策，提前采取措施落实。通过与专家学者的交流可以了解国内外安全科技的进展和学习最新的安全管理理念。

三是注意自我反思与评估。通过自我反思更好地了解自己长处与不足，不断发挥自己的优势，弥补自己的不足，更好地提升自己的安全管理能力。除反思自身外，还要注意评估自己的平时工作。单位的安全管理状况如何，能不能管控住目前的风险，隐患排查的是否彻底，还有没有更好的解决方案。通过这些评估来发现单位安全管理工作的问题，更好地改进安全管理工作，同时也提升了自己的安全管理能力。

四是注意自主学习。自主学习和终身学习是一位安全工作者的基本素质，通过自主学习，一方面了解安全方面的新技术、新方法，以提升管控现有风险的能力和隐患排查治理的效率。另一方面了解四新带来的新的风险与隐患，以及它们的防控措施，从而达到超前防范的目的。

四、安全职业资格

安全工程专业毕业后参加工作，有一定工作经验后就可以参加安全相关的职业资格考试。我国安全相关的职业资格主要有注册安全工程师和注册消防工程师，除可以考取我国的职业资格外，随着国际交流的深入，还可以考取国外的安全相关职业资格，如美国的注册工业卫生师和注册安全师、英国的国际职业安全和健康通用证书等。我国香港地区也设置有安全主任（Security Officer）

和安全督导员（Security Supervisor）安全职业资格。

1. 中国注册安全工程师

注册安全工程师（Certified Safety Engineer，CSE）指通过职业资格考试取得中华人民共和国注册安全工程师职业资格证书，经注册后从事安全生产管理、安全工程技术工作或提供安全生产专业服务的专业技术人员。注册安全工程师是纳入国家职业资格目录的准入类职业资格。《安全生产法》规定：危险物品的生产、储存、装卸单位以及矿山、金属冶炼单位应当配备注册安全工程师从事安全生产管理工作。鼓励其他生产经营单位聘用注册安全工程师从事安全生产管理工作。

注册安全工程师级别设置为：高级、中级、初级。注册安全工程师专业类别划分为：煤矿安全、金属非金属矿山安全、化工安全、金属冶炼安全、建筑施工安全、道路运输安全、其他安全（不包括消防安全）。

中级注册安全工程师职业资格考试全国统一大纲、统一命题、统一组织。初级注册安全工程师职业资格考试全国统一大纲，各省、自治区、直辖市自主命题并组织实施，一般按照专业类别考试。安全工程专业本科毕业后从事安全生产相关业务满 3 年，可以申请参加中级注册安全工程师职业资格考试。安全工程专业本科毕业，只要从事安全生产业务即可申请参加初级注册安全工程师职业资格考试。

中级注册安全工程师职业资格考试设《安全生产法律法规》《安全生产管理》《安全生产技术基础》《安全生产专业实务》4 个科目。其中,《安全生产法律法规》《安全生产管理》《安全生产技术基础》为公共科目，《安全生产专业实务》为专业科目。《安全生产专业实务》科目分为：煤矿安全、金属非金属矿山安全、化工安全、金属冶炼安全、建筑施工安全、道路运输安全和其他安全（不包括消防安全），报名时可根据实际工作需要选择其一。

2. 美国注册工业卫生师（CIH）和注册安全师（CSP）

（1）注册工业卫生师（Certified Industrial Hygienist，CIH），CIH 证书是国际职业健康和安全行业重要的资格证书。该证书由美国工业卫生委员会

（ABIH®）认证颁发，申请者需要具有一定的教育水平（本科及以上），至少有四年职业从业经验，接受过 240 小时职业卫生的继续教育，参加并通过 5 小时的考试，才能获取这个认证。

美国工业卫生委员会（ABIH，现更名为 BGC）自 1960 年成立以来，一直是世界上规模最大的工业卫生实践专业人员认证组织。这是一个独立的非营利性组织，它的宗旨就是建立一套严格、可靠、有效的认证程序，来考核和管理职业卫生从业人员，确保这些持证从业人员的专业性，来达到保护工人和满足雇主需求的目的。

（2）注册安全师（Certified Safety Professional，CSP）是由美国注册安全师委员会（BCSP）授予给符合要求的安全工作者。CSP 的授权符合国家最高注册标准，并由工程与科学专业委员会的理事会（Council of Engineering and Scientific Specialty Boards，CESB）和国家认证机构委员会（National Commission for Certifiying Agencies，NCCA）进行公证。CSP 代表了环境、健康和安全领域公认的专业成就，许多跨国公司如 IBM、ExxonMobil、BASF、Intel、Ciba、GE、Rohm 和 Haas、ERM 等在中国扩大业务时，会招聘合格的安全专业人士。根据目前中国巨大的市场背景，以及国家对职业安全的重视，在未来一段时间这些公司在中国将需要大量的安全专业人士。如果你想进入这样的跨国企业或者想在职业中得到晋升，那么 CSP 证书将会是你十分有力的武器。在美国，拥有 CSP 证书的人的薪水相比同行要高出许多。

3. 英国 NEBOSH IGC 相关资格

NEBOSH（the National Examination Board in Occupational Safety and Health）为英国国家职业安全与健康考试委员会。该机构成立于 1979 年，是一家独立的考试和资质授予机构，提供一系列全球认可的，综合的，能满足健康、安全、环境与风险管理需要的职业认证，每年有 100 多个国家和地区超过 3 万人参加各类 NEBOSH 资质课程。如今在中国境内，自 2005 年首度授权后，NEBOSH 已授权三家培训机构开展各类 NEBOSH 取证培训，共四项主流课程。

NEBOSH 国际职业健康与安全学位证书（NEBOSH International Diploma），该证书是 NEBOSH 所有证书中最高级别的。此证书面对的人群是追求更高专业能力和发展的 HSE 从业者，获得证书要求接受至少 185 个小时的培训加上 144 个小时的推荐内容自学和 80 个评估学时。若取得该证书，不仅证明自身的 HSE 专业水平已达到专家级水准，还能在世界上任何一个地方得到同行的高度认可。

NEBOSH International General Certificate - NEBOSH IGC（国际职业安全和健康通用证书），是国际公认的职业安全与健康资格考试，在英国以及全世界提供健康和安全资质培训已有超过 30 年的经验。自 1989 年 NEBOSH IGC 实施以来，仅在英国就达 100000 人拥有该资格证书。该课程培训注重国际标准和管理体系，提供被广泛接受的健康和安全理念和实践，能够让学员有效地理解和执行工作场所的健康与安全职责。并且同样适用于从事健康和安全工作的人员，能为其将来的专业学习和职业安全管理以及生产作业管理职业发展道路打下良好基础。

NEBOSH HSW 是 NEBOSH 旗下首个汉化考试证书，采用中文授课的方式，证书由 NEBOSH 官方颁发。主要课程内容有：职业安全与健康基础知识、职业安全与健康职责、职业安全风险评估与控制、设备危害与控制、车辆交通安全、电气危害与控制、防火安全、人工搬运与重复运动危害与控制、有害物质危害与控制、工作环境中的危害与控制。

第三节　安全工程专业留学

安全工程专业学生毕业后除就业或在国内升学深造外，还可以考虑申请到国外留学或到我国台港澳地区求学，攻读硕士研究生。

一、留学专业与学校

1. 留学专业

国外几乎不设置安全工程或者安全科学与工程这样的学科专业，只有一些学习课程和研究内容相近的专业或方向。如职业健康、工业卫生、消防工程、风险管理、可靠性工程等。只要所学的课程大致相近就可以申请。

2. 留学学校

虽然没有直接对标安全工程专业的学校，但可以申请的与安全工程专业相近专业的学校还是不少的。表4-1列出了国外主要招收安全工程相近专业的学校。

表4-1　国外招收安全工程相近专业的学校与专业

序号	学校	专业	国别
1	科罗拉多州立大学	环境卫生	美国
2	东南俄克拉荷马州立大学	职业安全与健康	美国
3	美国公立大学（网络大学）	应急与灾害管理，安全管理，公共健康	美国
4	蒙哥马利奥本大学	司法与公共安全，国土安全与应急管理	美国
5	哥伦比亚南部大学（网络大学）	职业安全与健康	美国
6	东肯塔基大学	安全、安保及应急管理（火灾及应急服务），安保及应急管理（国土安全及应急管理方向）	美国
7	佛罗里达海湾海岸大学	社区健康	美国
8	莫瑞州立大学	职业安全与健康	美国
9	罗切斯特理工学院	环境、健康与安全管理	美国
10	基恩州学院	安全和职业健康应用科学	美国
11	南伊利诺伊大学卡本代尔校区	消防服务管理，消防服务及国土安全管理	美国
12	天普大学	风险管理与保险	美国
13	德克萨斯南方大学研究生院	卫生保障管理	美国
14	提芬大学	安全管理与保障管理	美国
15	中佛罗里达大学	工业人机工程与工业安全	美国
16	辛辛那提大学	职业安全与人机工程	美国
17	伊利诺伊大学芝加哥分校	环境与职业卫生科学	美国
18	斯蒂文斯理工学院	系统安全工程	美国
19	爱丁堡大学	结构和防火安全工程	英国
20	密德萨斯大学	风险管理	英国
21	阿伯丁大学	油气安全和可靠性工程，过程安全	英国
22	阿尔斯特大学	消防安全工程	英国
23	赫尔瓦特大学	安全和风险管理	英国
24	兰卡斯特大学	安全工程（工业方向）	英国

续表

序号	学校	专业	国别
25	佩斯里大学	安全与环境管理	英国
26	克兰菲尔德大学	工作时的人因健康和安全，安全和事故调查，航空的人为因素和安全评估	英国
27	利兹大学	火灾和爆炸工程	英国
28	谢菲尔德大学	过程安全和损失预防	英国
29	诺丁汉大学	人机工程学	英国
30	索尔福德大学	职业安全与健康	英国
31	约克大学	安全系统工程	英国
32	横滨国立大学	高风险管理技术	日本
33	筑波大学	风险工程	日本
34	长冈技术科学大学	系统安全	日本
35	东京农工大学	技术风险管理	日本
36	神户大学	市民工程（安全人因工程+环境卫生工程）	日本
37	福井大学	原子能安全工程	日本
38	新加坡国立大学	安全工程健康工程	新加坡
39	悉尼大学	风险管理	澳大利亚
40	昆士兰大学	安全与职业健康	澳大利亚
41	莫纳什大学	职业与环境卫生	澳大利亚
42	西澳大学	劳动安全与卫生	澳大利亚
43	鲁汶大学	安全工程	比利时

除上述高校外，一些行业特色明显的国外高校也可以招收相关行业安全类的研究生，如加拿大的麦吉尔大学（矿业工程、职业健康科学）、美国的西弗吉尼亚大学（职业安全与健康、工业卫生）、澳大利亚的伍伦贡大学（职业健康与安全）和英国的诺丁汉大学等。

除到国外留学外，还可以选择我国的港澳台地区，如香港科技大学的安全环境与健康专业、香港理工大学的消防与安全工程专业等。

二、申请条件

国外高校的研究生招生主要采用申请制。把申请学校要求的材料准备齐全后发给学校，然后学校会组织面试。另外，许多学校对学生的GRE成绩

（Graduate Record Examination，即美国研究生入学考试）是有要求的。不同国家要求的入学条件不同，但基本上都会对语言成绩、大学学习成绩有要求，还需要相关人员推荐。除以上基本条件外，实践经历、发表学术论文、参加课外和志愿活动也会增加被录取的机会。

1. 基本条件

（1）一般要求大学本科毕业。有些学校的申请条件相对宽松，未毕业的学生也可以申请转学读本科。

（2）大学的学习成绩 GPA（Grade Point Average，平均学分绩点）。GPA 的要求因申请的学校而异，越好的大学要求的 GPA 越高。例如，如果申请美国排名前 100 的大学，GPA 最好 3.0 以上。针对 985/211 院校和双非院校的绩点也会不一样，具体也要看申请的学校和专业的要求。需要说明的是，即使转专业，GPA 也是非常重要的，因为它是你学习能力的证明。

（3）语言考试的成绩。不同国家要求的语言考试不一样，一般英联邦国家要求的是雅思成绩，美国要求的是托福成绩。不同学校不同专业要求的雅思和托福成绩也不同。

2. 加分项

（1）实习或工作经历。国外许多高校会比较重视实习或工作经历，有和自己申请专业相关的实习经历与参加各种学术活动非常有助于申请成功。注意，这要是真实的经历，而不是自己随便写上一段就可以的。面试时，面试官会问你经历的细节。这种实习和工作经历可以是学校安排的，也可以是自己寻找的。特别是如果能找到一些知名企业的实习经历那就更好了。如果你有留学的计划，同学们要充分利用自己的寒暑假时间，到一些和自己专业相关的单位开展实习。

（2）课外活动。大学时多参加一些课外活动，增加自己的各种阅历，非常有助于自己的申请。课外活动主要包括这些方面：学生自我管理类组织，如学生会等；各类兴趣小组或学术竞赛，如数学建模大赛、机器人大赛、互联网 +、科技创新大赛、辩论队和虚拟法庭等；艺术类活动，如音乐、美术、摄影、舞蹈、设计等；公益类：养老院陪伴孤寡老人、儿童福利院照顾儿童、动物救助中心义务劳动等；体育类活动，篮球、排球、羽毛球、极限运动等。

（3）志愿者和社区服务活动。国外大学非常注重学生的志愿与社区服务。许多学校希望看到学生每年在社区服务中贡献的时间不低于 50 小时。社区服务是多种多样的，安全工程专业的学生可以到社区或学校进行安全常识的宣传与培训，或者进行安全设施的检查与维护等。

（4）发表的学术论文。发表学术论文最好是在级别较高的期刊。但是学术论文不能出现学术不端情况，提交的任何材料学校都会进行面试。

（5）校内的勤工助学。利用业余时间在学校的各个部门勤工助学的经历对申请成功也非常有益。如在校报编辑部做排版或文字校对等工作。

附录一

安全科学与工程类教学质量国家标准

1 概述

安全是人类进行各种活动的客观需要，是人类社会发展的必然趋势。人类要生存和发展，需要认识安全的一般规律，为自身的生存和发展提供保障。同时，生产力的不断发展，也促进了安全科学技术不断发展。特别是进入 20 世纪后，随着世界各国工业化进程的不断加快，安全问题越来越突出。在煤炭、化工、建筑等传统工业、食品卫生、环境及其他新兴工业领域，安全问题日益凸显，传统的单一学科已经难以解决这些问题。安全科学与工程发展成综合理、工、文、法、管、医等学科的交叉学科，应用领域涉及社会文化、公共管理、行政管理、检验检疫、消防、土木、矿业、交通、运输、航空、机电、食品、生物、农业、林业、能源等行业乃至人类生活的各个领域，并且与上述学科都有交叉。

同时，安全科学与工程具有理论、技术与管理的融合性，解决安全问题一方面需要依赖科学技术，另一方面由于经济条件的制约，对一时做不到本质安全的技术系统，则必须用安全管理来补偿。

安全科学与工程学科是以安全学原理为基础，以信息论、系统论、控制论为先导，包括安全科学理论、工程技术和管理在内的一门宽口径综合学科，主要内容包括人类在劳动生产和防御各种灾害的过程中所采用的、以保证人的身心健康和生命安全、减少物质财产损失、降低事故风险为目的的安全技术理论及专业技术手段。

安全科学与工程学科的主要任务是研究人类生产和社会活动中面临的共同的安全科学理论、技术问题，目的在于揭示安全科学的一般规律，直接指导安全科学与工程技术的研究和发展。

我国的安全科学与工程类专业本科教育始于20世纪50年代。1954年北京劳动干部学校成立，开始培养工业劳动保护人才，1956年2月该校设立劳动保护、锅炉检查和劳动经济3个专业。1958年升格为北京劳动学院后，进行专业调整，设立了工业安全技术、工业卫生技术2个专业。

20世纪50年代以后，部分高等院校开始培养矿山通风与安全方向的专门人才，1983年部分高校创办了矿山通风与安全本科专业。

此后经多次本科专业目录调整，安全科学与工程类专业也不断整合，安全工程成为综合性专业，不仅为矿山行业培养人才，而且开始为各行各业培养安全人才。

2011年，国务院学位委员会将安全科学与工程列为一级学科，归属于工学门类；2012年，教育部颁布《普通高等学校本科专业目录（2012年）》，将安全科学与工程单列为一个类，下设安全工程专业。

2 适用专业范围

2.1 专业类代码

安全科学与工程类（0829）

2.2 本标准适用的专业

安全工程（082901）

3 培养目标

3.1 专业类培养目标

安全科学与工程类专业的培养目标是根据现代经济和技术的发展要求，培养能从事安全科学研究、安全技术开发、安全工程设计、安全风险评估、安全监察与监管、安全检测与监控、安全生产组织管理、安全教育与培训、事故应急救援等方面的高级工程技术和管理人才。

3.2　学校制定专业培养目标的要求

各高校应根据专业类培养目标和自身办学定位，结合本校学科特色，在对行业和区域特点以及学生未来发展需要进行充分调研与分析的基础上，准确定位并细化人才培养目标的内涵，以适应社会经济发展对多样化人才的需要。

各高校还应对人才培养目标与科技、经济、社会持续发展需要的吻合度进行定期评估，建立适时调整专业发展定位和人才培养目标的有效机制，确保有效实现培养目标并符合社会需求。

4　培养规格

4.1　学制

基本学制 4 年，实行学分制的学校可以适当调整为 3 ～ 6 年。

4.2　授予学位

工学学士。

4.3　总学时或学分要求

总学分为 140 ～ 180 学分，总学时为 2100 ～ 2500 学时，各高校可根据具体情况做适当调整。

4.4　人才培养基本要求

4.4.1　思想政治和德育方面

按照教育部统一要求执行。

4.4.2　业务方面

（1）掌握从事安全科学与工程类工作所需的数学、物理学、化学等自然科学基础知识，具备基本分析计算能力。

（2）掌握基本的法学、文学、哲学、伦理学、艺术学、社会学、心理学等人文社会科学基础知识，能够为所从事的安全科学与工程类工作提供支撑。

（3）掌握从事安全科学与工程类工作所需的力学、工程制图、机械设计、电工电子及相关行业等工程技术基础知识，具备基本安全设计分析能力。

（4）掌握行为科学、经济学、管理学、保险学等管理科学基础知识，具备基本安全经济分析能力。

（5）掌握安全原理、安全系统工程、安全人机工程、安全管理、安全法规、安全技术、职业安全健康、行业安全工程等方面专业知识，对于即将或主要从事的行业及领域熟悉其工艺特点、流程、工艺设备等，具备基本安全技术管理能力。

（6）掌握外语、计算机及信息技术应用、文献检索、方法论、科技方法、科技写作等工具性知识，能阅读本专业外文资料，具有一定的国际视野、交流与合作能力。

4.4.3 体育方面

按照教育部统一要求执行。

5 师资队伍

5.1 师资队伍数量和结构要求

专任教师数量和结构满足本专业教学需要，生师比不高于 18 ∶ 1。

新开办专业至少应有 10 名专任教师，在 120 名学生基础上，每增加 20 名学生，须增加 1 名教师。专任教师中具有硕士、博士学位的比例不低于 50%。

专任教师中具有高级职称的比例不低于 30%。

5.2 教师背景和水平要求

5.2.1 行业背景

从事本专业主干课教学工作教师的本科和研究生学历中，必须有其中之一毕业于安全科学与工程类或相近专业。部分授课教师应具有安全领域研究背景。

5.2.2 工程背景

所有授课教师应具备与所讲授课程相匹配的能力（包括设计能力、分析能力和解决问题能力）。

讲授工程与应用类课程的教师具有工程、项目科学研究背景，有教师承担过工程性项目或具有企业工作经历。

5.3 教师发展环境

为教师提供良好的工作环境和条件。教师承担的课程数和授课学时数合理，保证在教学以外有时间和精力参加学术活动、工程和研究实践，不断提升个人专业能力。有合理的师资队伍建设规划，为教师培训、进修、从事学术交流活动提供支持，促进教师专业发展。实施青年教师培养计划，建立高效的青年教师专业发展机制。

拥有良好的相应学科基础，为教师从事学科研究与工程实践提供基本的条件、环境和氛围。鼓励和支持教师开展教学研究与改革、学术研究与交流、工程设计与开发、社会服务等。使教师明确其在教学质量提升过程中的责任，不断改进工作，满足专业教育不断发展的要求。

6 教学条件

6.1 教学设施要求（实验室、实践基地等）

（1）教室、实验室及设备在数量和功能上满足教学需要。有良好的管理、维护和更新机制，实验器材及相关设施完好，安全防护等设施符合国家规范。与企业合作共建实习和实训基地，在教学过程中为学生提供参与工程实践的平台。

实验开出率不低于教学大纲规定的90%；有一定数量的综合性、设计性实验，有开放性实验室。

（2）计算机、网络以及图书资料资源能够满足学生的学习，以及教师的日常教学和科研所需。资源管理规范、共享程度高。

（3）学校能够提供达成培养目标所必需的基础设施，包括为学生的实践活动、创新活动提供有效支持。

（4）实验教学人员数量充足、结构合理，能够有效指导学生进行实验。

（5）因地制宜建设校内外实习基地，能为参加实践教学环节的学生提供充分的设备使用时间，有指导教师对学生的实践内容、实践过程等进行指导，有明确的与理论教学密切结合的实践教学目的和内容。校外实践基地中参与教学活动的人员应理解实践教学目标和要求，工程实践的平台和环境能满足相关专业人才培养的需要。

（6）建设大学生科技创新活动基地。

6.2 信息资源要求

配备各种高水平、充足的教材、参考书和工具书及一定数量与专业有关的图书、刊物、资料、数字化资源和具有检索这些信息资源的工具。师生能够方便地利用，阅读环境良好，且能方便地通过网络获取学习资料。

学校图书馆及安全专业所属院（系、部）的资料室中应有必要的安全工程类图书、期刊、手册、图纸、电子资源等文献信息资源和相应的检索工具等。

6.3 教学经费要求

教学经费投入较好地满足人才培养需要，专业生均年教学日常运行支出不少于2400元［教育部《普通高等学校基本办学条件指标（试行）》］。

7 质量保障体系

应对主要教学环节（包括理论课程、实验课程等）建立质量监控机制，使主要教学环节的实施过程处于有效监控状态；各主要教学环节应有明确的质量要求；应建立对课程体系设置和主要教学环节教学质量的定期评价机制，评价时应重视学生与校内外专家的意见。

7.1 教学质量监控系统

（1）人才培养目标

主要监控人才培养目标定位、人才培养模式、人才培养计划、学科专业调整和发展方向等。

（2）人才培养过程

主要监控教学大纲的制定和实施、教材选用、师资配备、课堂教学质量、实践性环节、教学内容和手段的改革、考核方式和试卷质量等。

（3）人才培养质量

主要监控各项竞赛获奖、创新能力和科研能力、毕业率、学位授予率、就业率、用人单位和社会评价、人才培养目标达成度等。

7.2 教学质量监控组织和制度

各高校应建立学校、学院（系）、系（教研室）三级监控体系，根据管理的职能，在不同层面上实施质量监控。

应建立听课制度、评教制度、试讲制度、教学督导、专项评估等质量监控制度，并有相应的监控手段和方法。

7.3　毕业生跟踪反馈机制要求

各高校应建立毕业生跟踪反馈机制，及时掌握毕业生就业去向和就业质量、毕业生职业满意度和工作成就感、用人单位对毕业生的满意度等；应采用科学的方法对毕业生跟踪反馈信息进行统计分析，并形成分析报告，作为质量改进的主要依据。

7.4　专业的持续改进机制要求

各高校应建立持续改进机制，针对教学质量存在的问题和薄弱环节，采取有效的纠正与预防措施，进行持续改进，不断提升教学质量。

附录　安全科学与工程类专业知识体系和核心课程体系建议

1　专业类知识体系

1.1　知识体系

1.1.1　通识类知识

通识类知识包括军事理论、法律、伦理、外语、人文、体育等基本内容；除国家规定的教学内容外，人文社会科学、外语、计算机与信息技术、体育、艺术等内容由各高校根据自身办学定位及人才培养目标确定。

1.1.2　基础知识

基础知识教学内容必须覆盖以下知识领域的核心内容：高等数学、线性代数、概率与数理统计、物理学、化学、力学、工程制图、机械设计基础、电工电子、计算机基础。具体教学内容由各高校自行确定，并应符合教育部相关规定。

1.1.3　专业知识

专业知识包括通用专业知识和行业专业知识。通用专业知识包括：安全原理、安全系统工程、安全人机工程、安全管理学、安全法学、安全经济学、安全心理学、安全行为学、职业安全健康、事故调查与处理、安全监管监察、应急管理等；行业专业知识包括：矿山安全、冶金安全、化工安全、建筑施工安全、火灾爆炸防治、机电安全、特种设备安全、噪声控制、通风除尘、防毒技术、辐射防护、交通运输安全等。

1.2 主要实践性教学环节

具有满足教学需要的完备实践教学体系，主要包括实验课程、课程设计、实习、毕业设计（论文）等。积极开展科技创新、社会实践等多种形式实践活动，让学生到各类工程单位实习，取得工程经验，基本了解本行业状况。

（1）实验课程

包括一定数量的软硬件及系统实验，包括安全设备及测定仪器仪表、相关软件和系统的使用方法。

（2）课程设计

根据课程性质，不少于2门专业主干课程安排课程设计。

（3）实习

建立相对稳定的实习基地，便于学生认识和参与生产实践。

（4）毕业设计（论文）

须制定与毕业设计（论文）要求相适应的标准和检查保障机制，对选题、内容、学生指导、答辩等提出明确要求，保证课题的工作量和难度，并给学生有效指导。选题应结合本专业主要就业领域的工程实际问题，有明确的应用背景，培养学生的工程意识、协作精神以及综合应用所学知识解决实际问题的能力，同时注意培养学生的创新意识和能力、责任感和敬业精神，注意引导学生在工程设计中综合考虑经济、环境、社会、法律、伦理等各种因素的影响。

对毕业设计（论文）的指导和考核应有企业或行业专家参与。

2 专业类核心课程体系建议

2.1 课程体系构建原则

课程设置应能支持培养目标的实现，课程体系设计应有企业或行业专家参与。课程体系必须包括：

（1）人文社会科学类通识课程（至少占总学分的15%），使学生在从事工程设计时能够考虑经济、环境、法律、伦理等各种制约因素。

（2）与本专业培养目标相适应的数学和自然科学类课程（至少占总学分的15%）。

（3）符合本专业培养目标的工程基础类课程、专业基础类课程与专业类课程（至少占总学分的 30%）。工程基础类课程和专业基础类课程应能体现数学和自然科学在本专业应用能力的培养，专业类课程应能体现系统设计和实现能力的培养。

（4）工程实践与毕业设计（论文）（至少占总学分的 20%）。主要指集中实践环节、单独设课课程学分，课内实验、实践学时不予计入。应设置完善的实践教学体系，应与企业合作，开展实习、实训，培养学生的动手能力和创新能力。

2.2　课程类别及其内容

2.2.1　数学和自然科学类课程

数学：微积分和解析几何、常微分方程、线性代数、概率和统计、计算方法等基本知识。

物理学：力学、振动、波动、光学、分子物理学与热力学、电磁学、狭义相对论力学基础、量子物理基础等。

化学：无机化学、分析化学、有机化学基础知识及其基本实验等。

2.2.2　工程基础类课程

工程力学：理论力学、材料力学。

工程流体力学：流体静力学、流体动力学、明渠流、堰流与闸孔出流、渗流、气体动力学基础、湍流射流。

工程热力学：热力系统、热力平衡、热力状态、热力过程、热力循环与工质、热力发动机、制冷机与热泵的工作循环、热能利用率和热功转换效率。

电工与电子技术：直流电路、正弦交流电路、动态电路的分析、磁路与变压器、三相异步电动机、继电一接触器控制、工厂供电与安全用电、电工测量、运算放大器、直流稳压电源、逻辑门电路、触发器、D/A 和 A/D 转换器。

机械基础：投影、三视图、机件的表达方法、零件图、装配图、计算机绘图。机械工程材料、金属热加工基础、机械传动、液压与气压传动、机械加工等。

2.2.3　专业基础类课程

安全原理：事故发生的社会、自然科学机制及事故发生、发展规律，事故致因理论。

安全系统工程：主要研究产品、产品系统或生产系统中物的不安全因素及解决策略。

安全人机工程：人体参数、人的感知与反应、人的心理特征、人的作业特征、显示器设计。

安全管理工程：以组织为研究范围，管理体系、事故预防的管理科学方法、组织与个人（不）安全行为解决方法。

安全法学：安全生产法律体系、宪法、劳动法、安全生产法等安全生产基础法规的重点内容，我国安全生产立法的改革趋势。

2.2.4 专业类课程

安全检测与监控：安全检测与工业运行状态信息的关系，安全检测系统的组成和分类，安全检测技术与方法，安全监测技术与方法。

电气安全：电气事故机理，通用防触电技术，电气线路与电气设备的安全技术，电气防火防爆工程，防雷安全与静电安全，电气安全管理。

火灾爆炸：燃烧与爆炸的机理，防火与防爆技术的基本理论，防火与防爆基本技术措施。

机械安全：机械安全的基本规律，常见危险机械的安全技术。

通风安全工程：作业场所有害物的来源与危害，通风原理与通风技术，有毒有害气体净化原理与方法。

压力容器安全：压力容器的分类与结构，压力容器工作原理，压力容器质量控制，压力容器安全装置，压力容器安全缺陷检验。

2.2.5 实践环节

具有满足安全工程专业本科教育需要的完备的实践教学体系，主要包括课程设计、专业实验、计算机应用及上机实践、认识实习、生产实习、科技创新、社会实践、毕业设计（论文）等多种形式，是培养学生工程实践能力和创新精神的重要环节。

（1）专业实验

专业实验课程是本科教学的重要环节。各高校可根据具体情况至少选择下列实验中的1/3进行安排：安全管理实验、环境参数测定、人机工程实验、设备的安全检测、气体检测与分析实验、防火防爆实验、安全信息采集综合实验、安全远程监测实验、火源监控实验、构件缺陷检测、电气设备安全检测实验、粉尘检测与分析实验、通风与除尘实验、工业装备安全在线监测实验、灾害防治仿真实验。

必开实验包括安全人机工程、设备的安全检测、防火防爆等。自选实验由各高校根据办学特色和教学计划安排。

各高校可根据办学特色和教学计划安排其他实验。

（2）认识实习

认识企业事故发生状况，生产工艺与设备的主要危险与有害因素，基本的安全技术措施和管理措施。时间安排 1 ～ 2 周。

（3）生产实习

熟悉安全生产工艺流程，掌握部分关键生产设备、装置的安全技术，主要是所选的行业背景的生产工艺流程和生产设备、装置的安全技术措施，运用所学知识在企业进行应用实践。时间安排 4 ～ 6 周。

（4）毕业实习

应结合学生准备从事的专业方向，有侧重点地进行。熟悉实习单位的安全技术和管理体系，熟悉安全管理部门的职责及安全技术人员的职责和工作程序。主要搜集毕业设计（论文）所需资料。时间安排 4 ～ 6 周。

（5）课程设计

专项事故预防方法的专门设计，可以安排如人机工程学方法、安全管理学方法、安全风险评估、事故调查分析、通风工程技术、防火措施、防尘技术等。也可安排综合性设计。

（6）毕业设计（论文）

毕业设计（论文）可安排 10 ～ 15 周，学生选题紧密结合生产和社会实际，难度、工作量适当，能体现专业综合训练要求；一般毕业设计（论文）50%以上应在实验、实习、工程实践和社会调查等社会实践的基础上完成。

课程设置由各高校根据自身的专业特色自主设置，本专业标准只对数学与自然科学、工程基础、专业基础、专业课程四类课程的内容提出基本要求。各高校可在该基本要求之上增设、调整课程。各种实习环节具体类型和周数由各高校根据教学需要自行安排，总实习周数一般不得少于 10 周，实践环节学时应满足 20%比例要求。

课程体系的设置应有企业或行业专家参与。

2.3 部分核心课程体系示例（括号内数字为建议理论学时数＋实验学时数或者习题课学时数）安全工程专业示例一（煤矿方向）

流体力学与流体机械（36+4）、安全系统工程（40）、安全管理学（32）、安全心理学（32）、安全经济学（32）、防火防爆理论与技术（36+4）、矿井通风（50+6）、矿井瓦斯防治（28+4）、安全监测监控（36+4）、安全人机工程（28+4）、矿山开采（38+2）、安全法规（32）、安全评价技术（32）、矿井火灾防治（28+4）、矿井粉尘防治（20+4）、专业计算机应用（20+20）、专业英语（32）、煤矿安全监察（24）、矿山救护（36+4）。

安全工程专业示例二（工业方向）

流体力学与流体机械（36+4）、安全系统工程（40）、安全管理学（32）、安全心理学（32）、安全经济学（32）、工业通风与除尘（30+2）、防火防爆理论与技术（36+4）、机械安全工程（28+4）、电气安全工程（24）、应急救援理论与技术（36+4）、安全监测监控（36+4）、作业环境空气检测（28+4）、工业防毒（32）、灾害学（32）、特种设备安全（32）、化工安全工程（36+4）、安全法规（32）、安全人机工程（28+4）、安全评价技术（32）、专业计算机应用（20+20）、专业英语（32）。

安全工程专业示例三（石油方向）

工程力学（56+8）、机械设计基础（56）、电工电子学（56+16）、计算机测控技术（52+4）、安全监测与监控（36+4）、安全系统工程（40）、安全评价技术（32）、安全人机工程（28+4）、工程热力学与传热学（36+4）、石油加工概论（32）、油气储运概论（32）、石油安全工程（或化工安全工程）（32）、工业安全技术（32）等。

安全工程专业示例四（设计、评价、咨询方向）

工程制图（80）、基础化学（56）、基础化学实验（24）、大学计算机基础实践（16）、微积分ⅡA（48）、微积分ⅢA（24）、线性代数Ⅰ（32）、大学物理Ⅱ（120）、C++ 程序设计基础（48）、有机化学Ⅲ（40）、C++ 程序设计实践（32）、工程力学（64）、经济学基础（32）、概率论 B（32）、数理统计Ⅱ（24）、流体力学（32）、电工学Ⅰ（64）、物理实验Ⅱ（24）、工程热力学与传热学（48）、物理化学Ⅲ（48）、数据库技术及应用（32）、安全信息工程（32）、安全经济学（32）、可靠性分析（32）、电工电子实践Ⅱ（16）、制造工程训练Ⅱ（金工实习）(32)、机械设计基础Ⅱ（56）、安全人机工程（32）、资产评估概论（32）、环境工程（40）、安全监测技术（32）、安全系统工程（40）、安全教育学（24）、安全学原理（40）、工程CAD（计算机辅助设计）(40)、安全法规（24）、爆炸与冲击（32）、可靠性分析（32）、地下结构可靠性（24）、消防工程（24）、职业卫生及工程（32）、压力容器安全技术（24）、工业通风与空调（32）、安全心理学（32）。

上述示例仅供参考，各高校可根据相关规定和培养目标自行设置核心课程。

3　人才培养多样化建议

安全科学与工程类专业作为综合性、交叉性学科，涉及领域非常广泛，知识体系庞大。各高校应结合自己的行业特色、目标定位和社会需要，以适应社会对多样化人才培养的需要和满足学生继续深造与就业的不同需求为导向，积极探索研究型、应用型、复合型人才培养，建立多样化的人才培养模式和与之相适应的课程体系、教学内容、教学方法，设计优势特色课程，设置一定比例的选修课程，由学生根据个人兴趣和发展进行选修。

4　有关名词释义和数据计算方法

4.1　名词释义

（1）教师人数

教师人数指从事本专业教学（含实践）的专业教师队伍。承担安全工程专业政治、英语、体育、数学等公共课教学的教师及担任其他行政工作（如辅导员、党政工作）的教师不计算在内。所有教师均为专任全职教师。如有兼职教师，每2名兼职教师折算成1名专任全职教师。兼职教师不超过专任教师总数的1/4。

（2）专任教师

专业的专任教师是指承担学科基础知识和专业知识教学任务的教师。

专任教师一是要具有高等教育教师资格证书，二是要在统计时段承担教学工作。具体包括：

① 具有高校教师资格且在统计时段承担教学任务的专职任课教师。

② 具有高校教师资格且在统计时段承担教学任务的“双肩挑”(行政、教学)人员。

③ 具有高校教师资格且在统计时段承担教学任务的非高校教师专业技术职务系列人员。

④ 具有高校教师资格且在统计时段承担教学任务的分管学生工作的正副书记、学生辅导员。

⑤ 由于学历原因未能取得高校教师资格证，但具有高校教师专业技术职务并一直从事教学工作的教师。

已经调离教学岗位不再承担教学工作，专职担任行政领导工作或其他工作的原教学人员，以及兼任教师和代课教师均不属于“专职教师”。

4.2 数据计算方法

(1) 折合在校生数

折合在校生数＝普通本、专科（高职）生数＋硕士生数 ×1.5 ＋博士生数 ×2 ＋留学生数 ×3 ＋预科生数＋进修生数＋成人脱产班学生数＋夜大（业余）大学学生数 ×0.3 ＋函授生数 ×0.1。

(2) 学分与学时换算标准

理论课程每 16 学时计 1 学分；实验课程每 24 学时计 1 学分；集中实践每 1 周计 1 学分。

学时学分比例各高校可根据自身实际进行微调。

附录二

华北科技学院的安全工程专业

一、华北科技学院简介

华北科技学院（以下简称华科）是应急管理部直属高校，前身是1950年创建的中央燃料工业部干部学校；1955年划归煤炭工业部，更名为煤炭工业部干部学校；1982年升格为北京煤炭管理干部学院；1984年在燕郊成立北京煤炭管理干部学院分院，1985年成立中国煤矿安全技术培训中心，学校实行“一套机构、两块牌子”的管理体制；1993年转制为普通高等学校，更名为华北矿业高等专科学校；2000年归属国家煤矿安全监察局（国家安全生产监管局）管理；2002年升格为普通本科院校，更名为华北科技学院，2004年归属国家安全生产监督管理总局管理；2011年获得工程硕士（安全工程领域）专业学位研究生培养资格；2018年归属应急管理部管理；2021年启动应急管理大学筹建工作。

学校位于河北燕郊国家高新技术开发区，毗邻北京城市副中心。学校下设15个二级学院，1个系部，全日制在校生约1.7万人。有60个本科专业，涉及工、管、文、理、法、经济、教育、艺术等八大学科门类。学校拥有一支治学严谨的师资队伍。学校现有专任教师千余人，其中教授、副教授占比50%以上，具有博士、硕士学位教师占比90%以上。

学校把服务支撑大国应急管理事业作为第一面向，坚持立足应急管理、面向公共安全、服务经济社会，着力打造服务应急管理事业需要的人才培养高地、科技创新高地、教育培训高地，逐步形成了以本科教育为主，研究生教育、留学生教育、成人教育和短期培训多层次、较完整的人才培养体系。学校长期承担安全与应急管理系统、地方政府及企事业单位委托的安全生产、防灾减灾救灾、应急救援等方面干部培训业务。学校以培养德智体美劳全面发展的社会主义建设者和接班人为根本任务，高度重视学生综合素质和创新创业能力培养。

在应急管理部的坚强领导下，学校正在全力筹建特色鲜明的高水平应急管理大学，打造全国应急管理人才培养、科技创新、教育培训三大高地，应急管理文化中心、国际交流中心和高端智库，为大国应急管理事业高质量发展，建设更高水平的平安中国做出历史性贡献。

二、华科安全工程专业

1. 专业发展历程及成就

华科的安全工程专业的办学历史可以追溯到 20 世纪 60 年代的煤矿安全培训工作。正式开展安全工程专业学历教育是从 1986 年开始，1984 年建校的原北京煤炭管理干部学院分院 1986 年开始全日制成人大专招生，安全通风专业就是最早招生的两个专业之一；1988 年第一届安全通风专业学生毕业，共 39 人；1993 年学校转制为普通高等院校，开展普通专科人才培养，矿井通风与安全技术是首批招生的 6 个专业之一；1996 年到 2002 年在全国示范性高等专科学校建设过程中，矿井通风与安全技术专业是率先建设试点专业之一；1997 年，学校开设安全技术管理专业，形成矿井通风与安全技术、安全技术管理两个专业并存的局面；2002 年，学校升格为普通全日制本科院校，安全工程专业成为第一批获得本科招生资格的专业，并于 2006 年获得学士学位授权；2011 年 10 月学校被国务院学位委员会批准为“服务国家特殊需求人才培养项目”工程硕士（安全工程领域）专业学位研究生试点单位，成为学校首个也是目前唯一一个开展研究生培养的专业。

自开展安全工程本科人才培养以来，专业建设取得了长足进展。2007 年，安全工程专业第一批被教育部批准为第二类特色专业建设点，为全国同类型高校安全工程专业建设和改革起示范和带动作用；2011 年 9 月，学校被教育部批准成为第二批“卓越工程师教育培养计划”高校之一，安全工程专业成为学校第一个实施“卓越工程师教育培养计划”的专业；2012 年，安全工程专业被教育部批准为专业综合改革试点；2015 年，安全工程专业通过了中国工程教育专业认证，有效期 3 年，这意味着本专业的毕业生在其他相关国家申请工程师执业资格时，将享有与本国毕业生同等待遇，在我国注册安全工程师考试时可以免考《安全生产技术基础》科目；2018 年，安全工程专业再次通过中国工程教育专业认证，有效期 6 年；2019 年，安全工程专业获批国家级一流专业建设点。

在专业发展的同时，安全学科也得到发展。2009 年，被批准为河北省重点发展学科，2012 年被河北省批准为河北省重点学科。

2. 专业概况

源于学校的隶属关系，安全工程专业一直是华科的龙头专业，也是学校重点支持和发展的专业。专业的主要培养方向是煤矿安全，办学过程中根据学生的就业及考研状况，培养方向也进行了一定的拓展。2010 版人才培养方案中增加了工业安全及应急管理方向，这个方向的主要服务面向是化工安全、建筑施工安全及应急管理领域，相应的课程体系及实践环节均进行调整。在 2016 版的培养方案中，又将该方向调整为安健环方向，培养定位为化工安全与建筑施工安全领域。在最新的人才培养方案中也是两个培养方向，以矿山安全为特色，同时兼顾其他领域的人才需求。

专业的发展离不开坚实的实践教学条件。安全工程专业建有河北省矿井灾害防治重点实验室、应急管理部工业安全事故分析与监测预警重点实验室、煤矿安全人机工程原安全监督管理总局重点实验室等省部级科技平台。还拥有安全生产检测检验中心国家级资质。同时专业还与首钢集团、冀中能源、开滦集团等诸多大型国企等机构合作建设专业实习基地，目前已经签署协议的实习单位共 26 家。

依托安全工程专业，申办了应急技术与管理、职业卫生工程、消防工程、安全生产监管、化工安全工程等专业，形成了安全科学与工程类专业群。

附录三

华北科技学院安全工程专业培养方案

一、培养目标

华北科技学院（简称华科）安全工程专业的人才培养目标为：立足安全生产、面向工矿商贸行业，培养德智体美劳全面发展，践行“对党忠诚、纪律严明、赴汤蹈火、竭诚为民”训词精神，具有高度社会责任感，良好的科学、工程、人文素养，富有家国情怀、奉献精神、双创意识、国际视野，掌握安全科学、安全技术、安全管理等方面的基础理论和专业知识，能在应急系统、安全领域从事监管监察、应急救援、事故调查、风险管控、隐患排查治理、科技研发、设计咨询、检测检验、教育培训等工作，具备实战能力的应用型高级专门人才。学生毕业 5 年后具备注册安全工程师的专业技术水平和管理能力。

从这个培养目标可以看出我们的培养定位是“立足安全生产、面向工矿商贸行业”“应用型高级专门人才”；我们的服务面向是“应急系统、安全领域”；我们的素质要求是“良好的科学、工程、人文素养，富有家国情怀、奉献精神、双创意识、国际视野”；我们的思政要求是“培养德智体美劳全面发展，践行

‘对党忠诚、纪律严明、赴汤蹈火、竭诚为民’训词精神”。所以这个培养目标可以分解为思政、素质、知识、能力四个方面。具体如下。

思政目标：培养德智体美劳全面发展，践行“对党忠诚、纪律严明、赴汤蹈火、竭诚为民”训词精神。

素质目标：具有高度社会责任感，良好的科学、工程、人文素养，富有家国情怀、奉献精神、双创意识、国际视野。

知识目标：掌握安全科学、安全技术、安全管理等方面的基础理论和专业知识。

能力目标：能在应急系统、安全领域从事监管监察、应急救援、事故调查、风险管控、隐患排查治理、科技研发、设计咨询、检测检验、教育培训等工作，具备实战能力的应用型高级专门人才。学生毕业 5 年后具备注册安全工程师的专业技术水平和管理能力。

二、毕业要求及其指标点分解

1. 毕业要求

根据“基础适度、口径适中、特色突出、实践能力强、综合素质高”的人才培养规格要求，本专业学生主要学习安全科学、安全技术、安全管理和职业卫生方面的基础理论和基本知识，毕业生应获得以下几个方面的知识与能力。

（1）工程知识：能够将数学、自然科学、工程基础和专业知识用于解决复杂安全工程问题。

（2）问题分析：能够应用数学、自然科学和工程科学的基本原理，识别、表达，并通过文献研究分析复杂安全工程问题，以获得有效结论。

（3）设计 / 开发解决方案：能够设计针对复杂安全问题的解决方案，设计满足特定需求的系统、单元（部件）或工艺流程，并能够在设计环节中体现创新意识，考虑社会、健康、法律、文化以及环境等因素。

（4）研究：能够基于科学原理并采用科学方法对复杂安全工程问题进行研究，包括设计实验、分析与解释数据，并通过信息综合得到合理有效的结论。

（5）使用现代工具：能够针对复杂安全工程问题，开发、选择与使用恰当的技术、资源、现有工程工具和信息技术工具，对复杂安全工程问题进行预测与模拟，并能够理解其局限性。

（6）工程与社会：能够基于工程相关背景知识进行合理分析，评价专业工程实践和复杂安全工程问题解决方案对社会、健康、安全、法律以及文化的影响，并理解应承担的责任。

（7）环境和可持续发展：能够理解和评价针对复杂安全工程问题的工程实践对环境、社会可持续发展的影响。

（8）职业规范：具有人文社会科学素养、社会责任感，能够在安全工程实践中理解并遵守工程职业道德和规范，履行责任。

（9）个人和团队：能够在多学科背景下的团队中承担个体、团队成员以及负责人的角色。

（10）沟通：能够就复杂安全工程问题与业界同行及社会公众进行有效沟通和交流，包括撰写报告和设计文稿、陈述与发言、清晰表达或回应指令；具备一定的国际视野，能够在跨文化背景下进行沟通和交流。

（11）项目管理：理解并掌握工程管理原理与经济决策方案，并能够在多学科环境中应用。

（12）终身学习：具有自主学习和终身学习的意识，有不断学习和适应发展的能力。

2. 毕业要求指标点的分解

为使毕业要求可衡量能考查，对上述 12 条毕业要求进一步分解。每一条毕业要求分解为 2 ～ 4 个可衡量的指标点。具体分解情况如下：

（1）工程知识

① 具备应用数学知识解决复杂安全工程问题的能力。

② 具备应用自然科学知识解决复杂安全工程问题的能力。

③ 具备应用工程基础知识解决复杂安全工程问题的能力。

④ 具备应用专业知识解决复杂安全工程问题的能力。

（2）问题分析

① 能够应用数学的基本原理，识别、表达、分析复杂安全工程问题，以获

得有效结论。

② 能够应用自然科学的基本原理，识别、表达、分析复杂安全工程问题，以获得有效结论。

③ 能够应用工程科学的基本原理，识别、表达、分析复杂安全工程问题，以获得有效结论。

④ 能够通过文献研究分析复杂安全工程问题，以获得有效结论。

（3）设计 / 开发解决方案

① 能够设计针对复杂安全工程问题的解决方案。

② 设计满足安全生产需求的安全生产系统、单元（部件）或工艺流程。

③ 能够在设计环节中体现创新意识，能够在设计环节中考虑法律、健康、安全等因素。

④ 能够在设计环节中体现创新意识，能够在设计环节中考虑社会、文化以及环境等因素。

（4）研究

① 掌握自然科学、工程基础实验的基本原理与方法。

② 能够针对复杂安全工程问题进行研究，包括设计实验、分析与解释数据。

③ 能够对实验数据进行分析，并通过分析得到合理有效的结论。

（5）使用现代工具

① 能够针对复杂安全工程问题，开发、选择与使用恰当的技术、资源、现代工程工具和信息技术工具。

② 能够开发、选择与使用恰当的现代工具对复杂安全工程问题进行预测与模拟，并能够理解其局限性。

（6）工程与社会

① 能够基于安全工程相关背景知识进行合理分析、评价安全工程实践和复杂安全工程问题解决方案对社会、法律和文化的影响，并理解应承担的责任。

② 能够基于安全工程相关背景知识进行合理分析、评价安全工程实践和复杂安全工程问题解决方案对健康和安全的影响，并理解应承担的责任。

（7）环境和可持续发展

① 能够理解和评价针对复杂安全工程问题工程实践对环境的影响。

② 能够理解和评价针对复杂安全工程问题工程实践对社会可持续发展的影响。

（8）职业规范

① 具有人文社会科学素养，具有社会责任感，能够在工程实践中理解并遵守工程职业道德，履行责任。

② 具有人文社会科学素养，具有社会责任感，能够在工程实践中理解并遵守工程职业规范，履行责任。

（9）个人和团队

① 具有团队意识，能够在多学科背景下的团队中承担个体、团队成员的角色。

② 具有一定的组织协调能力，能够在多学科背景下的团队中承担负责人的角色。

（10）沟通

① 能够就复杂安全工程问题与业界同行及社会公众进行有效沟通和交流，包括撰写报告和设计文稿、陈述发言、清晰表达或回应指令。

② 具备一定的国际视野，能够在跨文化背景下进行沟通和交流。

（11）项目管理

① 理解并掌握工程管理原理与经济决策方法。

② 能将工程管理原理与经济决策方法应用于安全工程及相关学科。

（12）终身学习

① 具有自主学习和终身学习的意识。

② 有不断学习和适应发展的能力。

3. 毕业学分要求

在知识、能力和素质达到上述毕业要求后，各类课程还应该修够相应的学分，具体见表 B-1。

表B-1　应修最低学分一览表

<table>
<tr><th>序号</th><th colspan="3">应修内容</th><th>最低学分</th></tr>
<tr><td rowspan="2">1</td><td rowspan="2">通识教育课程</td><td colspan="2">必修</td><td>45</td></tr>
<tr><td colspan="2">选修</td><td>10</td></tr>
<tr><td rowspan="5">2</td><td rowspan="5">专业教育课程</td><td>学科基础课</td><td>必修</td><td>40</td></tr>
<tr><td>专业基础课</td><td>必修</td><td>20</td></tr>
<tr><td>专业基础课</td><td rowspan="2">专业选修课</td><td rowspan="2">10</td></tr>
<tr><td>专业方向课</td></tr>
<tr><td>专业方向课</td><td>必修</td><td>11</td></tr>
<tr><td>3</td><td colspan="3">实践教育课程</td><td>35</td></tr>
<tr><td>4</td><td colspan="3">第二课堂教育项目</td><td>（7）</td></tr>
<tr><td colspan="4">合计</td><td>171</td></tr>
</table>

注：2022版人才培养方案的要求

三、课程体系

我校安全工程专业的课程体系分通识教育课程和专业教育课程。其中专业教育课程又分为学科基础课、专业基础课和专业方向课。

1. 通识教育课程

体育（4 学分）、大学英语（12 学分）、思想道德与法治（3 学分）、中国近现代史纲要（3 学分）、马克思主义基本原理（3 学分）、毛泽东思想和中国特色社会主义理论体系概论（3 学分）、习近平新时代中国特色社会主义思想概论（3 学分）、形势与政策（2 学分）、新时代应急管理理论与实践（1 学分）、军事理论（2 学分）、计算机程序设计（Python）（4 学分）、创业基础（2 学分）、劳动教育（2 学分）、自然灾害概论（2 学分，学校特色课程）、大学生心理健康教育（2 学分，学校特色课程）、大学语文（2.5 学分）、公共艺术课程（2 学分）。

2. 学科基础课

高等数学 A（10.5 学分）、线性代数（2.5 学分）、概率论与数理统计（3 学分）、大学物理（6 学分）、大学物理实验（2 学分）、大学化学（2.5 学分）、工程制图（2.5 学分）、工程力学（3 学分）、工程热力学与传热学（2.5 学分）、流体力学与流体机械（2.5 学分）、电工电子技术（3 学分）。

3. 专业基础课

安全科学原理（1.5 学分）、安全系统工程（2 学分）、安全管理学（双语）（2 学分）、防火防爆理论与技术（2.5 学分）、通风工程学（3.5 学分）、职业卫生学（2.5 学分）、安全人机工程（1.5 学分）、机械与电气安全基础（1.5 学分）、地质基础与矿山开采（1.5 学分）、危险化学品安全管理（1.5 学分）。

4. 专业方向课

必修：机械与特种设备安全（2.5 学分）、应急救援理论与技术（2 学分）、安全生产技术（3.5 学分）、安全法律法规（1.5 学分）、消防工程（1.5 学分）。

选修：安全管理信息系统（2 学分）、建筑施工安全管理（2 学分）、事故调查与处理（2 学分）、安全生产监管监察（2 学分）、安全工程专业英语（2 学分）、安全教育与培训（2 学分）、科技论文写作（2 学分）、工业生产过程与管理（2 学分）、安全评价技术（2 学分）、安全工程专业计算机应用（2 学分）、职业危害因素分析与检测技术（2 学分）、爆破安全技术（2 学分）、矿山安全新技术（2 学分）、空调与降温工程（2 学分）、安全监测监控（2 学分）。

四、实践环节

在通过理论课程学习安全工程专业知识的同时，还要通过实践环节来训练各项专业技能。培养计划中的主要实践环节包括：专业实验、入学教育军训（3 学分）、金工实习（2 学分）、认识实习（2 学分）、通风工程学课程设计（2 学分）、防火防爆理论与技术课程设计（2 学分）、安全系统工程课程设计（1 学分）、职业卫生学课程设计（1 学分）、安全生产技术课程设计（1 学分）、生产实习（4 学分）、专业综合实训（2 学分）、毕业实习（4 学分）、毕业设计（10 学分）、毕业教育（1 学分）。

1. 入学及毕业教育类

入学教育、军训：了解学校的各项管理制度，开展专业介绍，进行军事训练等。

毕业教育：指导学生就业、培养学生适应社会的能力等。

2. 实习实训类

金工实习：进行机械加工实习，开展车、钳、铣等基本训练。

认识实习：了解工矿企业主要生产过程、可能发生的事故及安全管理体系。

生产实习：深入了解工矿企业安全生产技术与管理。

毕业实习：针对工矿企业安全技术及应急管理综合分析、收集毕业设计资料。

专业综合实训：进行安全技术措施编制、安全工程设计、安全检查方案制定、培训教案设计。

3. 课程设计类

通风工程学课程设计：进行矿井通风系统或工业通风系统设计。

防火防爆理论与技术课程设计：工业企业消防系统设计，建筑自动报警或自动灭火系统设计。

安全系统工程课程设计：进行系统安全分析或系统安全评价。

职业卫生学课程设计：进行粉尘、噪声等职业有害因素控制工程设计。

安全生产技术课程设计：进行工矿贸行业安全技术设计。

4. 毕业设计（论文）

毕业设计：进行工、矿、商贸企业的安全系统设计，或根据开展安全工程的科学研究撰写研究论文。

5. 专业实验类

除大学物理实验单独开设外，安全工程专业的实验分布于其他各专业课程中，主要的课程实验及学时有：大学物理实验（32 学时）、大学化学实验（6 学时）、工程热力学与传热学实验（4 学时）、流体力学与流体机械实验（4 学时）、电工电子技术实验（6 学时）、防火防爆理论与技术（4 学时）、通风工程学（8 学时）、职业卫生学（4 学时）、安全人机工程（4 学时）、机械与特种设备安全（4 学时）、应急救援理论与技术（2 学时）、安全生产技术（4 学时）、消防工程（4 学时）。

附录四

考研常识

一、考试报名及录取

1. 考试时间

硕士研究生的招生考试分初试和复试。初试时间一般安排在研究生入学前一年的年底（12 月下旬），对应届毕业生来说，就是毕业前一年的年底。复试时间一般安排在初试成绩及国家的分数线公布之后，大致是研究生入学当年的 3 月底和 4 月初，具体时间由各招生单位确定。

2. 报名

研究生考试报名在网上进行，包括登记个人信息、预报名、正式报名、网上确认和准考证下载等阶段。各阶段的时间可以在中国研究生招生信息网上查询。具体操作按网络提示进行即可。

3. 考试科目

研究生招生考试一般考 4 个科目，包括思想政治理论（简称政治）、外语、业务课一和业务课二。思想政治理论和外语满分均为 100 分，两门业务课的满分均为150分，4门课程的总分为500分。就安全工程专业来说，除政治和外语外，业务课一是数学，业务课二是专业课，不同招生单位考的专业课程不同。政治、外语和数学的考试内容由当年发布的考试大纲规定，考试大纲由教育部考试中心组织编写，高等教育出版社独家出版，规定当年全国硕士研究生入学考试相应科目的考试范围、考试要求、考试形式、试卷结构等内容。专业课的考试内容由各招生单位确定。

政治主要包括大学本科四年所学的思想政治理论课程，包括马克思主义基本原理概论（约占24%）、毛泽东思想和中国特色社会主义理论体系概论（约占30%）、中国近现代史纲要（约占14%）、思想道德修养与法律基础（约占16%）、形势与政策以及当代世界经济与政治（约占16%）课程内容，各部分内容的占比每年会有所变动。

考研外语有英语、日语、俄语等语种，具体由招生单位确定，大部分招生单位是英语。考研英语分英语（一）和英语（二），学术硕士考英语（一），而专业硕士考英语（二）。安全工程专业考研既可以考学术硕士，也可以考专业硕士。其中报考工学门类下安全学科的属于学术硕士，考英语（一），报考资源与环境类下的安全工程专业的属专业硕士，考英语（二）。

考研数学共分五大类，分别是数学（一）、数学（二）、数学（三）、数学（农）和招生单位自命题理学数学。工科类专业一般是数学（一）或数学（二），管理和经济类专业一般考数学（三）。安全工程专业考数学（一）或数学（二），大部分学校是数学（二），部分双一流高校考试的是数学（一）。

考研专业课由招生单位自行确定考试范围和命题。就安全工程专业来说，大部分学校考的是安全系统工程这门课，但也有一些学校考大学物理、矿井通风与安全等课程。还有些学校提供几门专业课，考生可选择其中之一。

具体考哪些课程，考生可以在当年学校的招生简章和招生专业目录中查找。

4. 复试与录取

（1）复试

考生通过初试后，招生单位会通知考生复试。复试是对考生业务水平和实际能力的进一步考察。复试成绩关系到考生是否能被录取，因此复试成绩至关重要。复试由招生单位组织，时间一般在国家分数线发布以后。复试采取差额进行，参与复试的考生人数与计划录取名额的比一般为1.2：1或1.5：1，即如果招生单位的计算录取名额为100人，参加复试的人数为120或150人。

（2）录取

招生单位根据提前确定的初试和复试成绩占比计算出考生的综合成绩，一般会根据招生计划名额按综合成绩从高到低确定拟录取名单，对一些有特殊要求的专业会根据特殊情况进行简单调整。然后招生单位会公示拟录取名单，经公示无异议后，确定录取名单，最后签发录取通知书。

5. 考研调剂

教育部规定，如果考生符合复试条件而不能在第一志愿院校参加复试的，考生档案应送至第二志愿院校或在省、自治区、直辖市内调剂。在研究生招生工作中，由于招生计划的限制，有些考生虽然达到分数线，但并不能被安排复试或复试后并不能被录取，对这些考生，招生单位将负责把其全部材料及时转至第二志愿单位，这个过程即称为考研调剂。

虽然是这么规定的，但一般调剂工作主要由考生本人在调剂系统中查找自己本专业或相近专业的接收调剂的招生单位，自行填报申请。申请通过后参加新的招生单位的复试，复试过程与前述基本相同。

二、全日制和非全日制研究生

全日制研究生是指符合国家研究生招生规定，通过研究生入学考试或者国家承认的其他入学方式，被具有实施研究生教育资格的高等学校或其他教育机构录取，在基本修业年限或者学校规定年限内，全脱产在校学习的研究生。

非全日制研究生指符合国家研究生招生规定，通过研究生入学考试或者国家承认的其他入学方式，被具有实施研究生教育资格的高等学校或其他教育机构录取，在学校规定的修业年限（一般应适当延长基本修业年限）内，在从事其他职业或者社会实践的同时，采取多种方式和灵活时间安排进行非脱产学习的研究生。

全日制和非全日制研究生考试招生依据国家统一要求，执行相同的政策和标准。各培养单位的招生简章应公开学习方式、修业年限、收费标准和办学地点等信息。考生根据国家招生政策和培养单位招生简章自主报考全日制或非全日制研究生。

三、专业硕士与学术硕士的区别

硕士研究生分学术学位研究生和专业学位研究生，即平常所说的学术硕士和专业硕士。学术硕士是传统的硕士研究生，而专业硕士是随着现代科技与社会的快速发展，为满足特定职业领域的需要，培养具有较强的专业能力和职业素养、能够创造性地从事实际工作的高层次应用型专门人才而设置的一种学位类型。专业学位具有相对独立的教育模式，具有特定的职业指向性，是职业性与学术性的高度统一。学术学位研究生一般都是全日制的，而专业学位研究生的学习方式分为全日制与非全日制两种。专业硕士与学术硕士的区别主要表现在以下几点。

① 培养目标不同。学术硕士按学科设立，其以学术研究为导向，偏重理论和研究，培养学术研究人才；专业硕士与学术硕士处于同一层次，培养规格各有侧重，在培养目标上有明显差异。专业硕士教育的特点是学术与职业紧密结合，获得专业硕士学位的人，具有明显职业背景的工作，如工程师、医师、教师、律师、会计师等。这是一种以专业实践为导向，重视实践和应用，在专业和专门技术上进行正规、高水平训练的培养方式。

② 培养方式不同。学术硕士的课程设置侧重于基础理论的学习，重点培养学生从事科学研究创新工作的能力和素质；专业硕士课程设置以实际应用为导向，以职业需求为目标，以综合素养、应用知识与能力的提高为核心。教学内容强调理论性与应用性课程相结合，突出案例分析和实践研究；教学过程重视运用团队学习、案例分析、现场研究、模拟训练等方法；注重培养学生解决实践问题的意识和能力。在具体的学习过程中，要求有为期至少半年的实践环节，实践学分比重较学术学位更大。

③ 报考条件不同。学术硕士报考条件一般为高等院校本科的应届和往届毕业生，以及高职高专毕业满两年的毕业生等。而专业硕士除了要符合全国硕士

研究生招生考试条件的人员基本条件外，部分专业学位硕士有单独规定，如法律硕士要求不能是法律专业毕业。

④ 招生专业不同。学术硕士，招生专业包括哲学、经济学、法学、教育学、文学、历史学、理学、工学、农学、医学、军事学、管理学、艺术学 13 大学科，及其下设的一级学科、二级学科，涵盖所有专业方向。专业硕士，招生专业比较有针对性，目前主要包括 47 个专业（类），其中的资源与环境类下面就包含安全工程专业。

⑤ 调剂要求不同。考生调剂基本条件是初试科目与调入专业初试科目相同或相近，其中初试统考科目与调入专业统考命题科目相同。学术硕士的考试科目一般可以涵盖专业硕士的初试科目，因此调剂一般为学硕可以向专硕调剂，而专硕不能向学硕调剂。

⑥ 考试要求不同。专业硕士公共课英语科目多考英语二，学术硕士公共课英语科目考英语一；专业硕士多数不考公共课数学科目或考数学三、经济类联考综合能力；学术硕士公共课数学科目考数学一、数学二、数学三、数学（农）或招生单位自命题理学数学。

⑦ 学制不同。专业硕士学制一般为 2 ～ 3 年，学术硕士学制一般为 3 年，由各招生单位根据实际具体情况确定。

⑧ 导师制度不同。学术硕士，实行单导师制。在基本职能方面，研究生导师对学生进行研究生课程教学、课题研究指导与学位论文指导。研究生论文完成后，指导教师要对研究生作出客观、全面、准确的评价，并负责向导师组申请审查同意，提交院学位评定委员会，申请组织答辩。专业硕士，实行双导师制。根据教育部相关文件精神，各专业学位研究生培养单位要建立健全校内外双导师制，以校内导师指导为主，校外导师应参与实践过程、项目研究、课程与论文等多个环节的指导工作。在培养过程中校内导师以教授理论知识、学术指导为主，而校外导师则以培养技能、指导实践为主。

⑨ 学位论文不同。学术硕士的学位论文，强调科学理论研究与学术创新，一般为学术性论文；专业硕士的论文强调应用导向，形式可多种多样。鼓励采用调研报告、规划设计、产品开发、案例分析、项目管理、文学艺术作品等多种形式。

⑩ 读博方式不同。学术硕士可以通过自己的导师直接读博，不用参加全国统考，也就是我们所说的直博或者硕博连读；专业硕士一般不能硕博连读或直博，硕士毕业后可以参加博士研究生考试，考试通过后才可读博。

四、招生单位分区

为照顾中西部招生单位的生源，教育部根据各地的经济和教育发展水平将招生单位划分为一区和二区。相对应，报考地处一区招生单位的考生称为A类考生，报考地处二区招生单位的考生称为B类考生。两类考生的复试分数线不同，A类考生的复试分数线比B类考生的稍高，通常会高2～10分。

两个区的调剂政策也不同，报考一区招生单位的考生只要达到国家A类考生复试分数线就可以申请在一区内招生单位调剂，也可以申请调剂到二区招生单位。报考二区招生单位的考生达到国家B类考生复试分数线后只可以在二区的招生单位间调剂，但是不能申请往一区招生单位调剂。

一区：北京、天津、河北、山西、辽宁、吉林、黑龙江、上海、江苏、浙江、安徽、福建、江西、山东、河南、湖北、湖南、广东、重庆、四川、陕西。

二区：内蒙古、广西、海南、贵州、云南、西藏、甘肃、青海、宁夏、新疆。

参考文献

[1] 国家教育委员会高等教育二司. 普通高等学校本科专业目录及简介 理工、农林、医药[M].北京: 科学出版社, 1989.

[2] 国家教育委员会高等教育司. 普通高等学校本科专业目录和专业简介[M].北京: 高等教育出版社, 1993.

[3] 何学秋. 安全工程学[M].徐州: 中国矿业大学出版社, 2000.

[4] 徐德蜀. 安全科学与工程导论[M].北京: 化学工业出版社, 2004.

[5] 王显政, 杨富. 安全评价[M].第3版.北京: 煤炭工业出版社, 2005.

[6] 周世宁, 林柏泉, 沈斐敏. 安全科学与工程导论[M].徐州: 中国矿业大学出版社, 2005.

[7] 国务院学位委员会第六届学科评议组. 学位授予和人才培养一级学科简介[M].北京: 高等教育出版社, 2013.

[8] 罗云. 安全科学导论[M].北京: 中国标准出版社, 2013.

[9] 陈海群, 陈群, 王新颖. 安全检测与监控技术[M].北京: 中国石化出版社, 2013.

[10] 刘潜, 赵云胜, 李升友. 安全科学导论[M].北京: 气象出版社, 2014.

[11] 姜伟, 佟瑞鹏, 傅贵. 安全科学与工程导论[M].北京: 中国劳动社会保障出版社, 2016.

[12] 徐景德, 航刘, 王永建. 安全科学与工程学科及专业发展状况调研报告[R]. 北京: 2013—2017 年安全科学与工程类专业教学指导委员会秘书处, 2018.

[13] 教育部高等学校教学指导委员会. 普通高等学校本科专业类教学质量国家标准 上[M]. 北京: 高等教育出版社, 2018.

[14] 教育部高等学校教学指导委员会. 普通高等学校本科专业类教学质量国家标准(下)[M]. 北京: 高等教育出版社, 2018.

[15] 张乃禄. 安全检测技术[M].第3版.西安: 西安电子科技大学出版社, 2018.

[16] 肖丹. 安全检测与监控技术[M].重庆: 重庆大学出版社, 2019.

[17] 范维澄, 苗鸿雁, 袁亮, 等. 我国安全科学与工程学科"十四五"发展战略研究[J]. 中国科学基金, 2021, 35(06): 864-870.

[18] 生产过程危险和有害因素分类与代码[S]. GB/T 13861—2022.

[19] 信息技术有限公司中教智网北京. 就业桥[EB/OL]. (2023-06-30)[2023-06-16]. https://www.jiuyeqiao.cn/.

[20] 北京中教双元科技集团有限公司. 中国教育在线[EB/OL].(2023-06-16)[2023-06-16].

[21] 教育部学生服务与素质发展中心. 中国研究生招生信息网[EB/OL]. (2023-06-16)[2023-06-16]. https://yz.chsi.com.cn/.

[22] 国家自然科学基金委员会工程与材料科学部. 安全科学与工程学科发展战略研究报告(2015—2030)[M].北京: 科学出版社, 2020.